溫師傅上菜

傳統好味道

溫國智 著

「傳統好味道」～傳説再現

「風水輪流轉」這句話大家都聽過，但是好像並沒有實際的感覺。但是反觀台灣的餐飲業，你就能體會這句話的意義了！

早年的台灣，經濟不是那麼的發達，在物質資源不充裕的條件下，婆婆媽媽們用盡了巧思，把一日三餐烹煮得色香味俱全，隨著社會的進步，大家吃的東西不但愈來愈精緻了，而且全世界的料理都能在小小的寶島台灣品嚐得到，到了這個時候，大家反而懷念起當年那些婆婆媽媽的味道了！

隨著食安問題的隱憂，現代人回家做飯、吃飯的機率愈來愈高，這時候要如何動手做出那些婆婆媽媽的味道呢？

在以前，大家庭共同生活的年代裏，成長的過程中可以跟著媽媽一起下廚房，在旁邊當個小幫手，整理整理食材，切切弄弄，甚至當媽媽忙不過來的時候還能站上爐台炒炒菜，透過一次兩次的操作逐漸培養廚藝功夫。等到自己成立了家庭之後，雖然沒有了媽媽的教導，但總還有婆婆的協助，手把手的一步一步教，日積月累總會熬成大廚師。可是現今人口的結構都是小家庭居多，不再和婆婆媽媽同住，廚房裏的事都要靠自己慢慢摸索熟悉，這個時候，如果有一本「經典的秘笈」放在身邊，相信就算沒有人幫忙，也能駕輕就熟輕鬆上手！

溫國智師傅，從台東一路打拼到了台北，小時候幫著媽媽起火做飯，到現在掌管多家餐廳，無論實務或是理論基礎，無論大宴小酌的菜色通通難不倒他，婆婆媽媽的味道那就更不用説了！

如今搜羅了寶島台灣以前傳統的好味道，無論是閩南口味、客家風味、眷村家常或是後山原住民料理通通包含其中，甚至除了居家的菜式之外，還幫你設計了請客筵席的經典佳餚，再加上溫師傅還算好了比例，量好了時間，讓大家都能煮起來輕輕鬆鬆，你也可以搭配現代的廚具，做起來就更方便了。相信要不了多久，傳説中的「傳統的好味道」就會出現在你們家的餐桌上嘍！

東風衛視「料理美食王」主持人

焦志方

真心溫暖的記憶美味

好吃的菜會伴隨美好的回憶，古早及經典的菜餚，陪伴你我成長，更有著令人著迷的味道和記憶。如那一盤有著濃厚情感的番茄炒蛋，或有著香氣奔騰的蔥油雞，都是台灣土地上的好味道，也可能是你我腦海裏，那個最難以忘懷的記憶美味。

我回憶裏的好味道，是在冷冷的冬天，媽媽煮的充滿香氣的鹹湯圓。熱呼呼的湯中，有著香菇、開陽、肉絲、蔬菜等豐富佐料，還有最重要的軟綿香滑的湯圓。還記得，媽媽總要很早就起床來備料，在寒冷的冬天，那雙沾了冷水，冰冷又辛勤的雙手，在煮完菜後，總會摸著還在睡夢中的我的額頭，叫我起床。當我吃著媽媽煮的全天下最好吃的鹹湯圓，這就是最幸福的時刻。

我從小在花蓮生長，對於大家口中的後山，有著濃烈的情感，這次也為讀者介紹了後山特有或常用的食材，如麵包果、馬告、刺蔥等等，透過出外這些年的學藝經驗，將故鄉的特有食材介紹給讀者，讓大家瞭解台灣寶島各地，有很多珍貴的優質食材。

這本書蒐羅了台灣土地上的各種經典菜樣，包含客家菜、閩南菜、眷村菜、後山菜，以及筵席菜。此外，也透過烹調前的小知識、故事，或對菜色的說明，導引大家瞭解這些菜色形成的文化背景及內涵，除了享受美食外，可在烹調或家常閒話時，成為大家討論的話題。

最後，要感謝閻富萍總編輯及企劃編輯義淞的大力協助，也要感謝小周（周凌漢）、田博元、林芸吟、陳俊儒的幫忙，才得以完成本書。希望這本書，除了教您做出美味好吃的菜餚，也帶您回味那些真心樸實、陪伴你我成長的記憶美味。

溫國智

2015.11.19

目　錄

「傳統好味道」~傳說再現／焦志方　2

真心溫暖的記憶美味／溫國智　3

料理前置與重要技法　8

滷肉燥　8

醃鹹豬肉　9

熬雞高湯　9

炸蛋酥（蛋翅）　10

炸翡翠　10

炒糖色　11

豬肚、豬腸處理　11

豬肺處理　12

螃蟹處理　12

雞去骨　13

Contents

閩南味　14

菜脯蛋　16

蔥油雞　18

虱目魚肚粥　20

酥炸蝦卷　22

台南芋粿　24

花生滷豬腳　26

豆腐煎肉餅　28

雙色苦瓜炒牛肉　30

花菜乾炒肉絲　32

澎湖金瓜米粉　34

蒜炒鯊魚　36

三杯雞　38

破布子蒸魚　40

客家味　42

豬肺炆鳳梨　44

鳳梨炒肥腸　46

桔葉燻粉腸　48

薑絲炒大腸　50

芹菜炒鵝腸　52

客家小炒　54

鴨血炒韭黃　56

客式炒蘿蔔糕　58

韭菜炒米苔目　60

客家鹹湯圓　62

客家鑲豆腐　64

鹹魚脆肉餅　66

鹹冬瓜燒肉丸　68

筍乾封肉　70

後山味　102

馬告鹹豬肉　104

樹子炒山蘇　106

刺蔥白肉卷　108

剝皮辣椒蛋　110

小魚麵包果雞湯　112

眷村家鄉味　72

雪菜炒年糕　74

家鄉炒飯　76

蒜泥白肉卷　78

芥蘭炒牛肉　80

魚香烘蛋　82

五更腸旺　84

宮保雞丁　86

辣椒鑲肉　88

醉雞　90

咕咾肉　92

紅燒獅子頭　94

淮山老鴨煲　96

紅燒牛肉湯　98

蒜燒黃魚　100

老菜新滋味 140

鹹冬瓜百花香腸　142

韭菜芝麻餅　144

金沙翼豆　146

金沙松阪　148

XO醬酸豇豆　150

桔醬松阪肉　152

鮮蔬柴把鴨　154.

筍絲鑲中卷　156

蜜棗苦瓜燉排骨湯　158

金銀財寶娃娃菜　160

發財聚寶石榴雞　162

五行蒸魚　164

筵席菜 114

紅蟳米糕　116

白鯧魚米粉　118

櫻花蝦芋頭珍珠糕　120

豬肉鑲菇　122

碧綠掌上明珠　124

翡翠冬瓜封　126

清蒸梅子魚　128

糖醋鯉魚　130

梅乾扣肉　132

金菇蒸土雞　134

仙草霸王別雞　136

鴻運當頭（紅燒鰱魚頭）　138

料理前置與重要技法

要做出美味的菜餚，少不了事前的處理與準備。前置作業做好，烹調時就不會混亂或分心，也能增加做菜的便利性及節奏，專心在想展現的美味菜色上。

下面收錄了本書必要的前置作業以及重要技法，從基礎的滷肉燥、熬高湯、炒糖色，到較繁複的豬內臟清理、殺螃蟹、雞去骨，都包含在內。煮夫煮婦們在做書裏需要的菜色時，就可衡量自己的閒暇時間，事先準備起來。

另外，溫師傅也補充說明了這些前置作業及技法的要點，告訴你可運用的方式，或能做的其它菜餚。掌握學好了這些，相信不只是這本書裏的美味菜色，有機會也能結合在更多美食上，讓自己及家人大飽口福一番！

1. 滷肉燥

肉燥是台灣菜裏的要角，肉香醬郁，拌飯、拌麵，或澆在蘿蔔糕、粿、燙青菜上，都非常適合，是古早的常備醬料。

材料　絞肉100公克、五花肉50公克、肉皮50公克、油1大匙、水500cc、蒜頭酥10公克、油蔥酥10公克

調味料　醬油3大匙、酒1大匙、糖1大匙、胡椒1小匙

❶ 取鍋大火加熱，加入油1大匙，放入肉皮、五花肉、絞肉拌炒。

❷ 至肉皮略顯熟黃，放入調味料，加入水，用中小火燉煮。

❸ 煮1小時至肉爛、醬汁富膠質，再放入蒜頭酥、油蔥酥再拌煮一下，即可起鍋。

補充說明　※ 加肉皮目的在增加膠質，吃起來會更香、更綿潤。

2. 醃鹹豬肉

鹹豬肉是以前儲備寶貴蛋白質的良法，且鹹香夠味，只要煎煮一下，就可以隨時當菜食用。

材料 五花肉 200 公克

調味料 鹽 1/2 小匙、酒 1 大匙、五香粉 1 大匙、黑胡椒粒 1 大匙、肉桂粉 1/4 小匙、甘草粉 1/4 小匙、糖 1 小匙

① 將豬肉切為寬約 3 公分左右的長條。

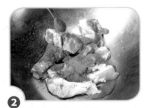
② 取碗或保鮮袋，放入豬肉、調味料，用手將兩面揉抓約 3-5 分鐘。

③ 抓至均勻，放入冷藏庫中醃約 3 天，即可。

補充說明
※ 肉不要切太薄，這樣煎過不易乾澀，口感也較佳。
※ 肉桂可除腥、助消化，並有降低膽固醇之功效，若不喜肉桂味者，也可省略不放。
※ 調味料也可以放入碎馬告，即成為花東鹹豬肉，會帶有淡淡檸檬清香。

---

3. 熬雞高湯

雞高湯不多說，可以做湯底，或增加菜餚鮮味，是做菜時的萬用好幫手。

材料 雞胸骨 1 付、紅蘿蔔 100 公克、洋蔥 50 公克、水 1000cc

① 將洋蔥去皮、紅蘿蔔去皮切成大塊。

② 取鍋裝水大火煮沸，將雞骨汆燙約 3-5 分鐘，撈起沖水去除雜質。

③ 取鍋放入水 1000cc、雞骨、洋蔥、紅蘿蔔，用中小火燉煮約 1 個小時。

④ 將雜質撈除再過濾後，即為高湯。

補充說明 ※ 熬高湯時不要加鹽或有鹽分的調味料，不然會使雞肉蛋白質縮聚，鮮味無法釋放入湯中。

4. 炸蛋酥（蛋翅）

蛋酥金黃香潤，加入菜餚中可增添香氣，及增加豐富口感。放入米粉、奶蛋素菜及湯品中，都非常適合。

材料 蛋2-3顆

❶ 將蛋打散。

❷ 起油鍋加熱至高溫。

❸ 取漏勺放在油鍋上方，將蛋汁淋在勺上，再輕輕搖晃，讓蛋汁均勻灑入油鍋內。

❹ 炸約1-2分鐘，蛋酥飄上油表面，即可撈起。

補充說明 ※炸蛋酥時，待蛋酥飄到油表面即可撈起，若炸太久會成褐色，反減美感。

---

5. 炸翡翠

翡翠是傳統師傅的美學創作，用蛋白、青菜就做出如翡翠芙蓉般的球花，適合加入羹湯或清爽的菜中，增加風味。

材料 菠菜（或青江菜）50公克 、蛋白100公克、太白粉1大匙

❶ 菠菜切為細末。

❷ 將菠菜、蛋白、太白粉放入果汁機攪打均勻。

❸ 再過濾成菠菜蛋白汁。

❹ 起油鍋，以中火加熱至溫滾，將菠菜蛋白汁慢慢倒入，再用打蛋器或筷子快速攪拌，使其變成翡翠顆粒狀。

❺ 炸約1-2分鐘，撈起浸水洗去油脂，即完成。

補充說明 ※ 炸翡翠的油溫不要太高，不然炸後吃起來會老硬。
※ 翡翠若未用完，只要瀝乾後放冷凍庫保存，就可存放3-6個月以上，要用時再解凍即可。

6. 炒糖色

這是以前廚師替食材上色的自然方法，常用在滷味、滷豬腳等菜餚上，可以讓菜呈現漂亮的焦糖色澤。

材料 油1大匙、糖2大匙、熱水100cc

   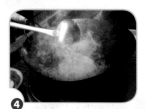

❶ 取鍋加熱，加入油1大匙。

❷ 轉小火，放入糖。

❸ 待糖稍微融化，再開始慢慢地拌炒到焦糖化，呈可樂顏色。

❹ 最後再倒入熱水，拌炒至勻化，即可。

補充說明
※ 炒糖色時，火別太大，不然燒焦會苦。
※ 剛放糖時，先不要動，待糖稍微融化後，再開始慢慢攪拌，不然糖反而容易會結晶化。

---

7. 豬肚、豬腸處理

豬腸、豬肚通常從攤販或賣場買回來，有些完全沒處理過，有些清理得不乾淨，接下來告訴你如何處理它。

❶ 豬肚或豬腸用清水沖洗過，先去除表面油脂及髒物，再灑上麵粉、鹽及小蘇打，搓揉5-10分鐘後沖水。重複灑麵粉、鹽及小蘇打搓揉、沖水動作2-3次（內外都要）。

❷ 取鍋加水煮沸，將豬肚或豬腸放入滾水中，用水燙煮約5-10分鐘，燙除黏液。

❸ 將豬肚或豬腸撈起沖水，剪去仍有的油脂及黃色部位。

❹ 取鍋加水，放入蔥段、薑片、豬肚或豬腸，滾煮約1-2小時至軟，即可使用。

補充說明
※ 豬腸、豬肚都是豬的消化器官，處理法類似，重點在於洗去表層分泌液及髒物。
※ 豬腸、豬肚要翻面時，可用筷子插入，會更方便施力翻面。

8. 豬肺處理

豬肺組織較多，處理上雖繁複，處理好後，是養氣補身的平價食材。

❶ 豬肺用水沖掉外部血水後，切除外表油脂，再劃深刀，讓肺管露出。

❷ 用清水不斷沖灌入肺內，至內部吸飽水分。

❸ 揉壓後，再將內部血水擠倒出。重複灌水、倒水動作3-5次以上，至內部乾淨。

❹ 再切成所需形狀，浸水去血一會兒後，即可使用。

補充說明 ※ 豬肺灌水後多揉壓，再倒掉，才能將豬肺內部的血水髒汙溶出。

9. 螃蟹處理

螃蟹鮮美，人人愛吃，只是大多數人不知如何處理，學完後就可以常在家享受大海的珍味。

❶ 用剪刀從螃蟹的嘴巴刺入。

❷ 將殼剝開，剪除肺葉。

❸ 剪除腹殼及蟹腳尖端。

❹ 取下背蓋裏的沙囊。

❺ 將蟹殼及螯腳上沙石，仔細刷乾淨，即可。

補充說明 ※ 若活的螃蟹不好處理，可以先冷凍一天以上，再來處理。
※ 蟹類的肺葉、沙囊內有許多蟲菌雜質，一定要去除洗淨。

10. 雞去骨

雞去骨是台灣菜裏非常精湛的技法,將雞骨頭剔除後不僅吃來無骨,也可放入豐富餡料,變化出如「布袋雞」、「雞仔豬肚鱉」,或是本書收錄的「仙草霸王別雞」等經典菜。

❶ 將雞脖子的皮,直刀切劃開。

❷ 將雞脖子骨頭和皮部分,慢慢剝開來,再將脖骨連雞頭的地方剁斷。

❸ 再用刀在雞胸中間處,劃一深刀。

❹ 切至看到雞翅骨頭連接雞身的白色軟骨處。

❺ 用手抓住雞翅白色軟骨,用刀剔除翅旁的肉,將骨頭慢慢剝拉出來。

❻ 拉出雞翅骨頭後,用刀剁斷連接小翅翼的部分。另一邊翅膀也同樣去骨。

❼ 待兩邊翅膀都去骨後,將雞皮和肉,慢慢和雞骨架剔開來。

❽ 到雞腿時,將刀沿著雞腿跟雞身骨架間的空隙切入。

❾ 將雞腿連接雞身之間的白色軟骨切斷,這樣身、腿就會分開。然後將腿骨也去除掉。

❿ 兩腿都這樣做後,再將雞骨架和肉慢慢剔開,即可拔出骨架。

⓫ 再將骨架連接雞臀部分剁斷。

⓬ 最後剩下雞頭、小翅、腿部有骨頭,再翻面回來,即完成。

補充說明　※ 剔雞要注意皮的部分別破掉。 另外,剔肉時可以用剪刀輔助,避免受傷。

閩南味

閩南味道以清淡鮮甜為特色，羹水較多，常用海鮮著稱。

閩南人因分布廣泛、生活型態多樣，故食材豐富，山產蔬菜、雞鴨豬羊、蝦蟹魚貝都常用來入饌，牛肉則較不常吃，因過去是農村文化，若有吃牛肉，主要是受到來自廣東的影響。

閩南菜的根蘊為閩南，尤以泉州、福州兩地為主，再加上以前生活困苦，食材較少，因此型態呈現原鄉的「湯湯水水」風貌，以豐富水分的粥、湯或羹，增加飽足感。

閩南菜樣變化雖不如粵菜，但善於以既有食材變化，像是將米磨碎做成米粉，將魚做成魚丸就是顯例。過剩的材料也會加以乾製，如菜脯、蝦米。而閩南人因居地靠海，所以味道常富鮮甜海味，如紅蟳油飯、蝦卷、清蒸魚、海鮮米粉、魚粥等，都是名菜。

鮮美滋味取於驚濤大海之中，也激勵著大家，要永保視野開拓，向未來挑戰邁進的進取精神。

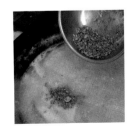   

菜脯蛋

參見DVD示範

台灣最具代表性的家常小菜,當然非菜脯蛋莫屬了~!! 吃粥、帶便當,或臨時配菜,都有它的身影。那鹹香、爽脆又回甘的滋味,不知陪台灣人度過多少吃米飯的歲月。只是以前的菜脯蛋,蛋少菜脯多,又黑黑碎碎。現在除了菜脯跟蛋,還有各種餡料,只是層次及口感越豐富,過去的記憶似乎也越模糊。

材料

雞蛋3顆、菜脯100公克、蒜10公克、開陽20公克、
蔥20公克、九層塔10公克、油5大匙

調味料

黑胡椒粒1小匙、鹽1/4小匙、胡椒粉1/4小匙

步驟

❶ 九層塔去除老葉，
洗淨；蒜切末；蔥
切蔥花。

❷ 開陽泡水。

❸ 菜脯用水沖洗，擠
乾切成小丁。

❹ 大火熱鍋，加入油1
大匙，放入蒜末和
開陽爆香，再加入
菜脯翻炒。

❺ 加入黑胡椒粒，增
加香辣味。

❻ 炒至菜脯乾香（水
分炒出），再加入
九層塔，炒至九層
塔軟化即可。

❼ 把蛋打在碗裏，放
入炒過的菜脯、蔥
花、鹽、胡椒粉，
打散均勻。

❽ 取鍋加入油4大匙，
大火加熱，至油溫
夠高時，先取出一
瓢油。

❾ 將蛋倒入鍋中，再
將一瓢油回沖至蛋
上（若油溫過高，
可加少許冷油降
溫）。

❿ 將鍋中的油倒出，
蛋仍繼續留在鍋
內，改為小火，用
筷子將周邊不整齊
的部分反摺進去，
讓蛋成為圓形。

⓫ 煎至雙面金黃色，
即可裝盤上桌。

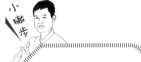

小撇步

ⓐ 菜脯不用洗太久，
略為清洗去沙就要
將水擠乾，不然香
味會跑掉，菜脯也
會糊爛。

ⓑ 煎菜脯蛋要好吃，
油不能太少，這樣
蛋才能煎得香厚，
又保持濕潤。

閩南味 蔥油雞

白斬雞可是傳統拜拜祭祖、逢年過節時，幾乎都會出現的經典菜色。雞肉白嫩細緻，猶如玉脂，外皮則晶透油滑，Q彈動人，簡直讓人瞳孔放大，流涎不止，只想把全部雞肉都塞進嘴中。

這道菜也是古早生活的智慧結晶，婆婆媽媽們就像魔術師一樣，利用熱勁十足的油，讓祭拜後的冷雞重新活起來。在淋上滾燙剔透的香油的瞬間，雞肉滋滋作響的聲音，紅色辣椒與白色蔥絲在晶瑩的油中飛舞，伴隨著飄出的濃郁雞香，絕對是場食、聲、色兼具的絕佳饗宴。

材料

土雞腿1隻（約400公克）、薑20公克、
辣椒20公克、蔥30公克、香油2大匙

調味料

鹽1大匙、酒1小匙、糖1小匙、
高湯100cc、醬油1小匙

步驟

❶ 蔥切細絲後泡水；
辣椒去籽切絲；薑
切絲。

❷ 將土雞腿洗淨，去
除血塊、血水及雞
皮內的脂肪。

❸ 取鍋裝半鍋水，以
大火煮開，放入
雞腿，水再滾後
就轉小火，燜煮約
20~25分鐘。

❹ 將雞腿取出放涼，
切成適中大小。

❺ 將雞腿放置盤中排
放整齊。

❻ 取鍋放入調味料，
以大火煮滾，淋在
雞腿上。

❼ 另取鍋，放入香油
2大匙加熱。

❽ 把薑絲、蔥絲、辣
椒絲鋪放在雞腿
上，淋上熱香油，
即完成。

小撇步

ⓐ白斬雞是享受雞肉的自然鮮美，所以雞肉的選
用非常關鍵，建議使用土雞腿，土雞肉香且結
實，脂肪適中，飼料雞肉太軟，且易有腥味。

ⓑ煮雞腿時，水一定要到煮滾才轉小火，以燙除
蟲、菌。

ⓒ這道菜的雞肉，是在熱水慢慢浸燜至熟，也就
是水滾後，用文火讓鍋中水處於要滾末滾的狀
態，讓雞腿可浸燜至熟成。這樣煮的雞肉不會
散爛乾澀，且還帶有鮮味。

ⓓ若雞腿太油時，可切掉皮內白色脂肪，減少油
脂。

ⓔ雞肉要等煮熟後再來切，這樣雞皮跟肉才不會
縮小變形。

閩南味 虱目魚肚粥

虱目魚肚粥是台灣傳承數百年以上的庶民美味，虱目魚肉質細緻鮮美，肚身無刺且油脂豐富，與米共舞成粥，滿口盡是自然鮮甜及滑潤可口的好滋味。這道菜最傳統的做法，也就是用生米加高湯來煮成粥，讓米粒可以邊煮邊吸收入湯汁，不僅米香四溢，更讓鮮甜加倍。有機會若看到眼睛又圓又亮的虱目魚時，不妨趕緊抓來好好品嚐一番。

材料

虱目魚肚1塊（約300公克）、薑30公克、蒜頭酥30公克、
芹菜20公克、白米100公克，雞高湯1000cc

調味料

米酒1小匙、胡椒粉1/4小匙、鹽1/2小匙

步驟

❶ 米淘洗乾淨。

❷ 將虱目魚肚洗淨，
去掉黑膜。

❸ 在虱目魚肚上切上
交叉刀紋。

❹ 芹菜洗淨切末，薑
切絲。

❺ 準備一鍋子，放入
高湯及米，以大火
烹煮10-20分鐘。

❻ 滾至米粒仍保持顆
粒狀，略微綿軟
時，加入虱目魚
肚。

❼ 煮至虱目魚肚熟，
用筷子可以穿過
去，再加入薑絲與
調味料。

❽ 上桌前撒上蒜頭
酥、芹菜末即可。

小撇步

ⓐ虱目魚肚的黑膜部分，軟嫩滑口，就像魚
凍一樣，不過油脂也較多，吃太多容易膩
口，若喜歡油脂的人，就可以不用去除。

ⓑ蒜頭酥在南北貨店或雜貨店皆有販賣。

ⓒ虱目魚骨富含豐富鈣質，且清爽味鮮，可
另外先跟水熬煮成魚高湯，更增添本道菜
的海鮮美味。

閩南味 酥炸蝦卷

代表台灣海洋文化的庶民小吃，「蝦卷」絕對是榜上有名。前人珍惜食材，利用多餘魚料及小蝦搭混各種食材，並用豬腹膜或豆皮包裹油炸而成。蝦卷外表金黃酥脆，內餡是蔬菜、蝦子及各種海鮮的豐富餡料，咬下去不僅可享受到酥中帶脆的外皮，更可品嚐到彈牙柔嫩的鮮餡，及噴湧而出的鮮汁，極富層次感，吃完嘴裏還回韻著海味及鮮味，讓人眷迴不已。小小的蝦卷，可是包囊進海洋及大地精華的美味小宇宙。

材料

豆皮1大張、蔥20公克、蝦仁100公克、旗魚肉200公克

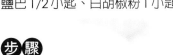

調味料

鹽巴1/2小匙、白胡椒粉1小匙、甜辣醬2大匙

步驟

❶ 將蔥切成細末。

❷ 將旗魚肉用調理機或用刀剁碎成魚漿狀。

❸ 蝦仁去泥腸,洗淨擦乾,切丁。

❹ 取碗放入蝦仁丁、旗魚漿、蔥末、鹽、白胡椒粉,拌勻。

❺ 把豆皮對半切成兩張,取一張攤開,包入適量餡料。

❻ 將豆皮收邊,接面處沾水固定好。

❼ 熱鍋倒入沙拉油,加熱至170度,加入蝦卷油炸。

❽ 炸時記得滾動蝦卷,避免四周焦掉,炸至蝦卷金黃色浮起時,撈起。

❾ 再將油溫加熱提高至180度,放入蝦卷回炸逼油,再瀝油起鍋。

❿ 把蝦卷切成適當大小後,放上甜辣醬,即可享用。

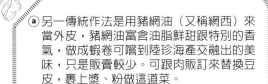

小撇步

ⓐ 另一傳統作法是用豬網油(又稱網西)來當外皮,豬網油富含油脂鮮甜跟特別的香氣,做成蝦卷可嚐到陸珍海產交融出的美味,只是販賣較少。可跟肉販訂來替換豆皮,裹上漿、粉做這道菜。

ⓑ 魚肉中有肌凝蛋白,要攪拌至有粘性,吃起來才有彈Q的口感。

ⓒ 餡建議別包太滿,以緊實不散開即可,免得炸完後爆開。

ⓓ 炸的時候要注意油溫大小,以免炸焦,或過久使餡料太乾。

台南芋粿

閩南味

「歐～～～～～貴～～～～～～!!!!」

當嘹亮聲傳來，伴隨的芋粿香及竹籠香，在朦朦朧朧的蒸氣中，呼喚起不少人的往日回憶。

說到代表台灣的食物，芋粿可是當仁不讓。台灣的芋粿有兩種，一種是食譜上的這道菜，也叫芋籤粿，是用芋頭絲層層交疊，加上香氣十足的香菇絲、油蔥酥，吃時再淋上精熬的肉燥，吃下去芋香、肉香、料香，芋頭厚實的口感，絕對讓人肚飽意足。另一種則像芋粿巧，以米漿包住芋塊、豬肉這些豐富餡料，吃起來香Q有嚼勁，一手一個撲通就吞下肚了。吃飽的大芋糕，跟吃巧的小芋糯，不知你喜歡哪個呢？

材料

芋頭300公克、肉燥2大匙、香菜2公克、太白粉1大匙、
水1大匙、油蔥酥30公克、乾香菇50公克

調味料

胡椒鹽1小匙

步驟

❶ 乾香菇泡軟切絲，
香菜洗淨切小段。

❷ 芋頭洗淨後去皮切
粗絲。

❸ 取容器將芋頭絲放
入，加入胡椒鹽、
水1大匙，以及太白
粉1大匙拌勻。

❹ 取一容器，鋪放一
層芋頭絲，再放上
油蔥酥、香菇，最
後再鋪上一層芋頭
絲。

❺ 放入蒸籠，蒸15分
鐘至芋粿鬆軟。

❻ 依第8頁作法製作肉
燥。

❼ 取出芋粿切塊，交
疊裝盤，淋上肉
燥，再放上香菜，
即可上桌。

小撇步

ⓐ 芋頭含有草酸鹼，削芋頭前可戴上手套，
以免手癢。癢時，可用清水把手仔細洗淨
後，在手上沾滿醋，這種癢感就會逐漸減
緩消失。

閩南味

花生滷豬腳

花生滷豬腳，這道菜可是連兒歌都說「天鬼囝仔流嘴涎」的美食。豬腳富含膠質，ㄅㄨㄞ彈且香勁十足，夏天可冰涼搭配啤酒，冬天拌入麵、飯，都非常可口。想到那焢到滾爛爛的豬腳，讓人肚子不咕嚕咕嚕叫也難。

豬腳與臺灣民間生活已深深綁在一塊，去霉運吃豬腳，慶生祝壽加麵線，煮成花生豬腳湯，更是美女養顏美容，產婦坐月子、催乳不可少的聖品。

材料

豬腳300公克、花生100公克、香菜10公克、蔥10公克、薑10公克、水1000cc、糖色1大匙

調味料

醬油5大匙、酒2大匙

步驟

❶ 花生浸水泡10分鐘，水需掩蓋過花生。

❷ 薑削皮切片；蔥洗淨切段；香菜洗淨後切小段，

❸ 豬腳挑選蹄花部分，每塊連皮帶骨切為約7-10公分大小。

❹ 取鍋裝水加熱，放入豬腳，待煮滾約5分鐘後，撈起用清水沖除血水。

❺ 炒糖色（見第11頁說明）。

❻ 鍋中放入豬腳及花生、糖色1大匙、水1000cc。

❼ 再加入蔥、薑、調味料，以中大火燉煮約60-90分鐘。

❽ 燉煮時撈起浮末，煮時若水快要燒乾時，記得補充水，避免燒焦。

❾ 燜煮至花生軟爛，即可起鍋盛盤，擺上香菜即完成。

小撇步

ⓐ 花生浸過水再煮比較容易軟爛。

ⓑ 豬腳清洗時，要注意骨頭間的血水，以及蹄縫中間留下的髒污。

ⓒ 豬毛髒皮燙過後比較好處理，建議在步驟4燙過後一起刮除。

ⓓ 這道菜豬腳Q滑結實，膠質對女性、成長期的小孩非常好。若喜歡軟爛者，可再依喜好燜煮久一點。

ⓔ 豬腳若喜歡肉多者，可以挑選一半蹄花、一半蹄膀來製作。

閩南味

豆腐煎肉餅

豆腐肉餅在以前小朋友的心目中，可以說就像今日漢堡的地位了，叫它台灣的漢堡排也不為過。大大的肉餅煎得焦焦香香，切開時肉汁滿溢而出，金黃豬肉與雪白豆腐的視覺呼喚，口水都快流滿桌了。古早時候因物資比較缺乏，大多使用大量豆腐、豆渣、蔬菜，及炸得金黃香酥的豬油渣來做。現在不僅肉的比例大幅提高，更出現使用各種肉類、蔬菜、佐料的做法，讓營養更加滿點!!

材料

絞肉300公克、板豆腐100公克、薑10公克、豆薯30公克、蔥100公克、油2大匙

調味料

Ⓐ 醬油1小匙、糖1/4小匙、酒1大匙、全蛋液2大匙、太白粉1大匙
Ⓑ 醬油2大匙、糖1/4小匙、酒1大匙、胡椒粉1/4小匙、水150 cc

步驟

❶ 薑切末；蔥洗淨，蔥白切為蔥末、蔥綠切為蔥花。

❷ 豆薯洗淨去皮切末，板豆腐洗淨。

❸ 取一容器放入絞肉、板豆腐、豆薯末、蔥末、薑末、調味料Ⓐ，混合拌勻。

❹ 用手將絞肉擠成丸狀後，壓成肉餅，約手掌心大小。

❺ 大火熱鍋，加入2大匙沙拉油，放入肉餅，轉中小火煎至兩面金黃。

❻ 加入調味料Ⓑ，煮約6分鐘，燒至入味。

❼ 撒上蔥花，即可盛盤上桌。

小撇步

ⓐ 蔥白的部分，香氣甜味較足，所以放到肉餡料中，蔥綠則起鍋時再做點綴用。

ⓑ 肉餅煎時記得不要一直翻及壓，這樣肉餅易碎，且肉汁容易流失乾澀。

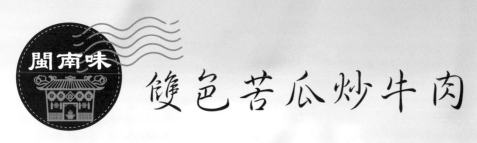

雙色苦瓜炒牛肉

「苦瓜吃掉!!」

「我不要吃啦，嗚嗚嗚嗚嗚!!!」

被媽媽逼吃苦瓜到哭出來，相信是許多人仍會會心一笑的回憶。苦瓜清火解毒、利肝紓疲、抗老美膚，知道好處的前人因此創造出苦瓜炒肉絲這道菜。苦瓜去囊、汆燙以去除苦澀，再與肉絲一同翻炒後，不僅抑制可能殘餘的苦味，更讓肉汁沁入瓜內。品嚼時肉鮮瓜脆，吃完回甘又不顯油膩，身心皆獲得充分的滿足。

材料

白苦瓜300公克、綠苦瓜300公克、牛肉200公克、蒜10公克、
蔥10公克、辣椒10公克、油3大匙、太白粉水1大匙（勾芡用）

調味料

Ⓐ 醬油1小匙、酒1大匙、糖1/4小匙、全蛋液1大匙、
　太白粉1大匙、水1大匙

Ⓑ 黃豆醬1大匙、醬油1大匙、酒1大匙、糖1/2小匙、水50cc

步驟

❶ 蔥洗淨切段；蒜頭切片；辣椒洗淨切片。

❷ 白、綠苦瓜去除囊和籽，切薄片。

❸ 將牛肉切成絲狀，放入調味料Ⓐ醃約10分鐘。

❹ 取鍋加水煮沸，放入苦瓜汆燙1-2分鐘，撈起。

❺ 另熱鍋，加入油3大匙，將牛肉泡炒至略熟，盛起。

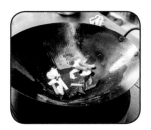

❻ 將油倒出留約1大匙的量，再放入蔥段、蒜片、辣椒片爆香。

❼ 依序放入調味料Ⓑ、苦瓜及牛肉後，拌炒均勻。

❽ 加入太白粉水勾芡收乾，即可盛盤。

小撇步

ⓐ 綠苦瓜色美且口感爽脆，白苦瓜較為軟嫩，一起加入可品嚐到苦瓜的雙重風味，也可單用一種苦瓜。

ⓑ 苦瓜用湯匙盡量刮除裏面白膜部分，可有效去除苦味，另外，切片後也可用鹽稍醃過，待苦水流出後，再洗淨來用。

ⓒ 炒牛肉時，別炒得過久，以免肉質過硬，影響到口感。

花菜乾炒肉絲

花菜乾炒肉絲可是道澎湖代表性名菜，菊島人利用陽光濃縮起花菜的甘甜，吃來肉鮮、菜爽脆，沁入菜中的肉脂，與花菜乾的微澀互補，吃完不油不膩，令人神清氣爽。那甘甘酸酸的花菜肉絲，成為澎湖人的家常好滋味。

材料

花菜乾200公克、牛肉絲300公克、紅甜椒50公克、黃甜椒50公克、蒜10公克、蔥10公克、薑10公克、油2大匙

調味料

醬油2大匙、糖1/4小匙、酒1大匙、胡椒粉少許

醃料

太白粉1大匙、蛋液1大匙、醬油1大匙、米酒1大匙

步驟

❶ 花菜乾走水泡發，清洗去除砂石，擠乾剝小朵。

❷ 牛肉絲放入醃料拌勻，醃約10分鐘入味。

❸ 將蒜頭去皮切片，蔥切段，薑切絲，紅甜椒、黃甜椒去籽後切絲。

❹ 大火熱鍋，加入2大匙油，放入牛肉絲拌炒至變色，取出。

❺ 大火熱鍋，留約1大匙油，加入蒜片、蔥段、薑絲爆至香味出來。

❻ 放入花菜乾拌炒一下，再加入調味料拌炒混勻。

❼ 最後放入牛肉絲、紅甜椒絲、黃甜椒絲，翻炒約3分鐘至甜椒熟，即可盛盤上桌。

小撇步

ⓐ 花菜乾易有砂石，清洗時要去除乾淨，以流動的活水泡發即可，不需泡太久。

ⓑ 炒牛肉時，別炒過久，以免肉質過硬，影響口感。

澎湖金瓜米粉

澎湖另一極具代表的好味道，就是金瓜米粉了，這可是澎湖人匯集了多種優良食材創造出的美味名餚。香實的金瓜及鮮美的海產所煮成的濃郁湯汁，再放入經過陽光濃縮洗禮的米粉，充分吸取翻炒而成。這道菜聞起來自然香芬，嚐起來鮮甜甘美，咬起來潤口爽勁，就像島嶼的人情味，自然豐富，又飽滿熱情。

材料

米粉300公克、中卷150公克、鮪魚罐頭1罐、香菇3朵、
南瓜400公克、蔥10公克、筍50公克、芹菜20公克、油2大匙

調味料

鹽1小匙、酒1大匙、糖1小匙、水300cc

步驟

❶南瓜去皮，100公克切絲，300公克切片。

❷將南瓜片蒸20-30分鐘至軟爛，壓成泥。

❸香菇泡開切絲，蔥洗淨切段，芹菜洗淨切末。

❹筍去皮削去老纖維，洗淨切絲。

❺中卷去除內臟洗淨，去除外皮後，一邊劃交叉刀，一邊切為小魷魚觸手狀。

❻取鍋裝水煮沸，將中卷放入鍋中汆燙30秒撈起。

❼再下米粉汆燙30秒，撈起泡冷水。

❽另熱鍋加入2大匙油，放入蔥段、香菇絲、筍絲，大火炒香。

❾加入南瓜絲、南瓜泥、鮪魚略微拌炒，再放入調味料至煮滾。

❿加入中卷、米粉拌炒均勻，灑上芹菜末即可上桌。

小撇步

ⓐ 米粉不需浸水，燙熟即可，這樣才可吸收進湯汁，另外，燙過後可以泡冷水增加Q彈度。

ⓑ 鮪魚罐頭要選油漬的，若是選水煮的容易乾澀，且較有腥味。

蒜炒鯊魚

鯊魚肉軟嫩無刺,外皮脆腴彈牙,又富含膠質,老人及小孩都十分適合吃。與蔬菜、香料一同經過大火猛炒,不僅逼除了腥味,更讓整道菜肉厚、菜脆、汁開味,配飯佐飲都少不了它,成為台灣獨具風味的代表菜。

材料

鯊魚肉300公克、蒜20公克、洋蔥100公克、辣椒10公克、九層塔5公克、紅蘿蔔100公克、太白粉水1大匙、水200 cc、油1大匙

調味料

黃豆醬2大匙、醬油1大匙、酒1大匙、糖1/4小匙、辣椒醬1小匙、胡椒粉1/4小匙

步驟

❶ 辣椒去籽切片,蒜切片,九層塔去除老葉,紅蘿蔔切成條,洋蔥切絲。

❷ 將鯊魚肉切成條狀。

❸ 鍋中加入水煮沸,放入鯊魚條汆燙2分鐘至熟,撈起略為沖洗。

❹ 鍋中加入1大匙油,放入蒜片、洋蔥絲、辣椒片、紅蘿蔔條大火爆香。

❺ 加入調味料拌炒,至紅蘿蔔條略軟。

❻ 放入鯊魚條、水,拌炒至煮滾。

❼ 加入太白粉水勾芡,再放入九層塔提香,即完成。

小撇步

ⓐ 鯊魚肉質軟易碎,拌炒時要注意,太用力可能會碎掉。

ⓑ 紅蘿蔔可先汆燙過再下鍋拌炒,可保持色澤及形狀。

三杯雞

三杯雞可是無人不知、無人不曉的台菜。當砂鍋掀蓋時，雞肉與九層塔的香味撲鼻而來，聽到鍋內食材的滋響聲，咬下去則可品嚐到緊實香韌的雞肉，若再連同醬汁搭配白飯，絕對讓人吃到欲罷不能，雞、飯皆空。

材料

仿土雞腿一隻（約400-500公克）、米血200公克、九層塔50公克、
蒜頭50公克、薑30公克、蔥20公克、辣椒10公克、
麻油1大匙、水200cc

調味料

醬油2大匙、米酒2大匙、糖1大匙

步驟

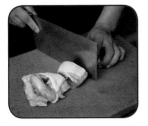

❶ 雞腿洗淨，剁成塊狀（約4x6公分大小）。

❷ 米血也同樣切成塊狀（約4x4公分大小）。

❸ 蒜頭整顆剝皮，薑洗淨切片，蔥切成大段，辣椒去籽切成小段。

❹ 九層塔挑去老葉，剝成片葉狀。

❺ 起油鍋大火加熱，將米血入鍋炸3-5分鐘，炸至表面乾脆，撈起。

❻ 再將雞腿塊入鍋炸3-5分鐘，至雞皮焦香後撈起。

❼ 取鍋倒入麻油1大匙，放入薑片、蒜頭，用中大火煸炒至金黃色。

❽ 再加入辣椒、蔥段、調味料，略炒30秒至醬香。

❾ 再倒入水200cc，雞腿塊、米血，燒約5分鐘讓味道入味。

❿ 至醬料均勻包覆食材表面，汁收乾。最後加入九層塔，以小火翻炒一下，即可盛鍋享用。

小撇步

ⓐ 雞肉加熱後會收縮，所以切時要較米血略大，這樣炸完大小就會相近。

ⓑ 步驟8烹調時要注意火候的控制，讓醬料略燒即可，避免醬油跟糖燒焦。

閩南味 破布子蒸魚 　參見DVD示範

破布子蒸魚，是道清爽又無負擔的健康料理。破布子香郁甘醇且開脾健胃，與鮮甜細嫩的魚肉相遇，可說是絕妙的搭配。

老一輩的人認為破布子有解毒、抗過敏的功用，且因產期正逢夏日芒果盛產時，與芒果為相生相剋之物，若夏季濕熱，或吃芒果造成過敏不適時，可吃破布子解毒。

材料

吳郭魚1隻（約800公克）、破布子30公克、蔥20公克、辣椒20公克、紅蘿蔔50公克、蒜頭20公克、香油2大匙

調味料

米酒1大匙、糖1/4小匙、醬油2大匙

步驟

❶ 蔥切細絲；辣椒去籽切細絲；蒜頭切末。

❷ 將紅蘿蔔切細絲，泡水。

❸ 吳郭魚去鱗、鰓，剖開肚身，去除內臟後洗淨，將魚身兩側各劃三至四刀。

❹ 鍋中放入半鍋水以大火煮滾，放入魚汆燙約1-2分鐘，燙除剩餘魚鱗及腥味。

❺ 取容器把蒜末、調味料及破布子裝入調勻。

❻ 把吳郭魚放入盤中，灑上調味料及破布子。

❼ 將魚放入蒸籠，大火蒸炊約15-20分鐘，至魚熟透。

❽ 將魚取出。放上蔥絲、辣椒絲、紅蘿蔔絲。

❾ 另取鍋放入香油2大匙，將香油加熱。

❿ 將熱香油淋在魚上，即完成。

小撇步

ⓐ 處理吳郭魚時，記得附著在魚肚上的黑膜、魚骨上的血塊、血水也要一併清乾淨，才可徹底去除魚腥。

ⓑ 魚是否蒸熟，可利用筷子輕戳魚肉比較厚處，筷子可輕鬆穿過魚肉不流血水，就代表蒸熟了。

41

客家味

客家味道以油、鹹、酸、香，及善作米食著稱。

　　客家人依山而居，不僅食材上常用豬、雞及山蔬青菜入菜，且因居地自然挑戰較大，對得來不易的食物，也格外地珍惜。比如菜餚常可反覆加料再煮，且常用油封、多鹽的技法，讓菜能耐保存，又好下飯，如滷肉、客家小炒等，反映出客家人節儉的本質。

　　客家最富傳統色彩且美味的飲食代表，就是「粄」了。客家「粄」如同閩南「粿」，把米碾磨成漿，乾製後再以炊、煮的方式，作成如米苔目、湯圓、粄條等米製品。口味鹹甜都有，或包入餡料，或加入湯中，或直接做糕來吃，是客家日常生活、年節喜慶、敬神祭典必備的傳統美食。

　　客家菜和粄承襲了客家人的飲食文化，更蘊含了客家族群的情感和歷史。客家炊煙不斷，客家文化也傳延不斷，也將客家及台灣人不畏挫折、刻苦打拼的精神，延續下去。

豬肺炆鳳梨

豬肺炆鳳梨，又叫「豬肺黃梨炒木耳」、「炒鹹酸甜」，可是客家「四炒」之一。鳳梨果香清新，豬肺不油膩，木耳鮮脆，鹹、酸、甘三味在口中交雜參韻，即便是炎夏乏力的身體及味蕾，也會被激勵振奮起來。

材料

豬肺300公克、鳳梨300公克、川耳100公克、蔥10公克、蒜10公克、薑10公克、油1大匙、黃豆醬2大匙、白醋2大匙

調味料

鹽1/4小匙、酒1大匙、糖1/4小匙

步驟

❶ 薑切片，蒜頭切片，蔥切段。

❷ 將處理過的豬肺切薄片（豬肺處理請見第12頁說明）。

❸ 川耳用水蓋過泡發，仔細沖洗三次以上去沙後，去掉蒂頭。

❹ 將鳳梨削皮，切成片狀。

❺ 鍋中加水大火煮沸，放入豬肺汆燙3-5分鐘至熟，再撈起沖水洗淨。

❻ 熱鍋加入1大匙油，放入蔥段、蒜片、薑片，大火爆香。

❼ 加川耳、豬肺、黃豆醬炒約2分鐘。

❽ 最後依序加入調味料、鳳梨、白醋，翻炒約1分鐘至入味，即可盛盤。

小撇步

ⓐ 豬肺挑選時要選色澤粉紅、有彈性、外表光滑、無異常狀者，才是新鮮的好肺。

ⓑ 鳳梨片最後再下，翻炒一下讓酸味釋放進去即可，這樣可以維持果香，且避免爛糊影響口感。

鳳梨炒肥腸

鳳梨與肥腸可說是絕妙的天生一對。鳳梨的酸，讓肥腸爽脆卻不油膩，肥腸的油脂，則讓鳳梨酸甘甜卻不刺嘴。一同挾起吃下，肉香脂多，鳳梨開味爽口，還能享受到咕溜滑脆的口感體驗，讓人難以停筷。

材料

熟肥腸200公克、鳳梨100公克、豌豆酥50公克、蔥10公克、薑10公克、蒜10公克、辣椒10公克、油1大匙、太白粉水1大匙

調味料

鳳梨汁100cc、糖1小匙、醬油1大匙、醬油膏1大匙、酒1大匙

步驟

❶薑切片,蒜頭切片,蔥切段,辣椒去籽切段。

❷鳳梨削皮後,切片。

❸將處理後的肥腸剖開,再將油剔除(大腸處理請見第11頁說明)。

❹再將肥腸切直刀片。

❺熱鍋加入油1大匙,放入蔥段、薑片、蒜片、辣椒段,大火爆香。

❻再依序加入肥腸、鳳梨、調味料,繼續翻炒。

❼炒至鳳梨、肥腸入味後,再淋上太白粉水勾芡煮開,即可盛盤。

❽最後灑上豌豆酥,即可上桌。

小撇步

ⓐ肥腸可以買賣場已經煮好的。另外,剔油除了減少油脂,也能去除部分腥味。

ⓑ灑上豌豆酥目的在增加口感,脆脆香香,記得盛盤後再灑上,才不會上桌後軟軟爛爛。

客家味

桔葉燻粉腸

桔葉燻粉腸,是客家人善盡物用的神來之作。桔葉濃郁芬芳,乾煎兼燻製的混和手法,把葉裏清新微酸的氣味,沁入粉腸之中。吃起來豬腸香脆不帶腥味,且香氣直達肺部,讓身心都被洗滌一番。

除燻製外,客家人也會將桔葉、金桔、粉腸放在一起,燉熬成金桔葉粉腸湯,可是潤喉、治久咳的客家古早味名湯喔!

材料

處理過的粉腸300公克、桔葉100公克、薑10公克

調味料

鹽1小匙、糖1/2小匙、醋1大匙

步驟

❶ 薑削皮切片。

❷ 桔葉洗淨,剝成一葉一葉。

❸ 將處理過的粉腸切成小段。

❹ 取鍋,放上桔葉平鋪。

❺ 再擺上薑片、粉腸,以中小火乾煎。

❻ 略炒約2分鐘,再灑上鹽、糖。

❼ 繼續翻拌,讓桔葉香味薰入腸中,粉腸脆香。

❽ 至粉腸外表酥脆、桔葉乾香時,最後淋上醋,即可盛盤上桌。

小撇步

ⓐ 粉腸可買賣場處理過的,若自己煮時,記得腸裏面的粉別洗得太乾淨,避免影響口感。

ⓑ 桔葉也可以用新鮮的檸檬葉取代。

客家味

薑絲炒大腸

參見DVD示範

薑絲炒大腸可是客家菜中的客家菜,充分展現「鹹、酸、肥、香」的客家特色。酸菜鹹香,白醋酸嗆,大腸肥腴,讓整道菜鹹香又夠味,連薑絲也好吃。上了這道菜,怎可能不多配幾碗飯。平易簡單的食材,也可以組合出最美味的料理。

材料

處理過的大腸200公克、酸菜200公克、薑100公克、辣椒30公克、蒜30公克、油1大匙

調味料

白醋4大匙、醬油1大匙、酒1大匙、胡椒粉1/4小匙

步驟

❶ 將處理過的大腸，切成大段（豬內腸處理，詳見第11頁說明）。

❷ 酸菜切成細絲。

❸ 辣椒去籽切片，蒜頭切末，薑洗淨切絲。

❹ 鍋中裝水以大火煮沸，放入大腸汆燙約30秒，至大腸收縮即可撈起。

❺ 熱鍋加入1大匙油，加入辣椒片、蒜末、薑絲、酸菜，大火爆香。

❻ 放入大腸、調味料，繼續大火翻炒。

❼ 至醬料均勻融合，大腸入味，即可盛盤。

小撇步

ⓐ 大腸也可以買賣場中已經煮好的。

ⓑ 大腸可用白醋先浸過，會讓大腸更加軟化、更好咬。

ⓒ 酸菜可以先燙過，減少些鹹度與酸味。

ⓓ 這道菜也可以不加酸菜。北台灣的客家人，大多只有將薑絲跟大腸合炒，南台灣的客家人比較會加酸菜。

芹菜炒鵝腸

芹菜炒鵝腸，是道很有古早味的客家家常菜，鵝腸鮮味十足，與清爽的芹菜共炒後，腸彈牙、菜爽脆，那鮮美不油膩的味道，與百年前一樣，是不變的客家農村好滋味。

材料
鵝腸300公克、芹菜200公克、蔥10公克、辣椒10公克、
蒜10公克、薑10公克、油1大匙

調味料
黃豆醬1大匙、醬油1大匙、酒1大匙、糖1/4小匙

步驟

❶ 鵝腸洗淨，切為長段。

❷ 芹菜去除葉，切段。

❸ 蔥切段，辣椒去籽切片，蒜頭切片，薑削皮切片。

❹ 鍋中加入水煮沸，放入鵝腸汆燙30-60秒，至鵝腸收縮。

❺ 將燙過的鵝腸撈起，用冷水略為沖洗。

❻ 熱鍋加入1大匙油，放入蔥段、辣椒片、蒜片、薑片，大火爆香。

❼ 加入調味料、鵝腸、芹菜，繼續以大火拌炒。

❽ 炒約3-5分鐘至鵝腸入味，醬汁收乾，即可完成上桌。

小撇步

ⓐ 腸類加熱後會收縮，所以記得別切太短。

ⓑ 芹菜下方根莖部要清洗乾淨，不然吃起來會容易有沙子。

ⓒ 也可用使用蒜苗來代替蔥。

客家味

客家小炒

「客家小炒」也叫「炒肉」，客家傳統「四炒」之一，是台灣客家人所發明的開胃配飯好菜。豬肉爆炒的油香滑脆，魷魚鮮香又有嚼勁，還有辣椒、蒜的鹹濃醬汁，讓人吃得暢酣淋漓，越吃越夠味。這道菜經過乾煸不易腐壞，還可以一再加料回炒，是先民充分利用食材，創造出美味，度過貧苦歲月的智慧結晶。

材料

五花肉200公克、乾魷魚100公克、豆乾100公克、韭菜花50公克、芹菜50公克、開陽10公克、蒜10公克、辣椒10公克、薑10公克

調味料

黃豆醬1大匙、醬油1小匙、醬油膏1小匙、酒1大匙、胡椒粉1/2小匙、糖1/4小匙、水100cc

步驟

❶魷魚用水泡約1小時以上至發,切為條狀。

❷五花肉切條,豆乾切條。

❸蒜去皮切片,辣椒去籽切片,薑削皮切片。

❹芹菜去葉切段,韭菜花去花苞後切段。

❺起油鍋至熱,先放入豆乾、五花肉炸約3-5分鐘,再丟入乾魷魚炸,炸至上色後撈起。

❻鍋中留約1大匙油,放入蒜片、辣椒片、薑片、開陽,大火爆香。

❼加入五花肉、豆乾、乾魷魚、調味料,翻炒約3-5分鐘。

❽至肉吸裹入醬汁,再放入韭菜花、芹菜,拌炒一下至菜熟,即可上桌。

ⓐ注意豆乾跟肉絲別油炸過久,太乾會影響口感。

ⓑ客家小炒的口味偏於重口味,可以自行斟酌調整口味。

鴨血炒韭黃

鴨血炒韭黃，又稱「鴨紅炒韭黃」。鴨血清鮮，紅色則有喜慶及昌旺的意涵。當年節到時，客家人會宰鴨慶祝，鴨血則被加鹽水凝固成塊，切條後再搭配韭菜或韭黃快炒，整道菜油香色艷，鴨血口感滑溜、韭菜清脆爽口，成為客家四炒之一的經典名菜。

材料

鴨血1塊（約800公克）、韭黃150公克、銀芽150公克、
酸菜50公克、薑20公克、蔥10公克、蒜10公克、辣椒10公克、
油1大匙、太白粉水1大匙、水300cc

調味料

醬油1小匙、沙茶醬1大匙、蠔油1大匙、酒1大匙、
糖1小匙、白胡椒粉1/4小匙

步驟

❶ 辣椒去籽切絲，蒜頭切末，薑削皮切絲，蔥切段。

❷ 酸菜切絲，韭黃切段。

❸ 銀芽剝去頭尾，洗淨泡水。

❹ 鴨血切成薄片。

❺ 起水鍋大火煮沸，放入鴨血和酸菜絲汆燙30秒，撈起。

❻ 鍋中加入油1大匙，放入蔥段、薑絲、蒜末、辣椒絲，大火爆香。

❼ 再依序加入調味料、水、鴨血、韭黃、酸菜絲、銀芽，繼續拌炒。

❽ 約3-5分鐘至鴨血香軟入汁，淋上太白粉水勾芡，盛盤上桌。

小撇步

ⓐ 鴨血不用燙太久，因為還要拌炒過，若炒太久會過乾，口感會變差。

ⓑ 酸菜燙過可以去除酸鹹味。

客式炒蘿蔔糕

參見DVD示範

客式炒蘿蔔糕可說是客家米粄文化的代表性食物之一。客家人鍾愛米食,更將米變化出不同的獨特吃法。蘿蔔糕油炸,加上豬肉、蝦米、韭菜、香菇等各種的配料,吃時蘿蔔糕外脆內綿,包裹的醬汁甜鹹又開胃,還有豬肉鮮蔬的豐富陪伴,飽足身心,大人小孩都喜歡。

材料

蘿蔔糕500公克、豬肉50公克、洋蔥100公克、韭菜50公克、
蔥10公克、開陽10公克、油蔥酥10公克、香菇30公克、太白粉1-2大匙

調味料

Ⓐ 醬油1小匙、糖1/4小匙、全蛋液1大匙、胡椒粉1/2小匙
Ⓑ 醬油1大匙、糖1小匙、胡椒粉1/2小匙、水100cc

步驟

❶ 香菇泡水發開後，
　切絲。

❷ 將蔥切段，韭菜切
　段，洋蔥去皮切
　絲。

❸ 蘿蔔糕切長條狀。

❹ 豬肉切絲，加入調
　味料Ⓐ攪拌均勻。

❺ 取油鍋，將蘿蔔糕
　沾上太白粉入鍋，
　炸至金黃定型，取
　出。

❻ 鍋中留約2大匙油，
　放入肉絲過油炒
　熟。

❼ 再放入開陽、香菇
　絲、蔥段、洋蔥絲
　炒香。

❽ 加入調味料Ⓑ翻炒
　入味，再放入韭
　菜、油蔥酥、蘿蔔
　糕。

❾ 炒約3-5分鐘至湯汁
　收乾，即可品嚐。

小撇步

ⓐ 蘿蔔糕不要切得太薄，有一定厚
　度才會有口感。

ⓑ 蘿蔔糕炒到湯汁水滾收乾就好，
　若炒太久，蘿蔔糕就爛掉了。

韭菜炒米苔目

米苔目除甜湯外，做成鹹的也是人間美味。米苔目吃起來Q彈又有濃濃稻香，湯汁鹹潤又順口，韭菜、豬肉的陪伴，元氣大增，過去可是讓下田的男女老少都丟下鋤頭，稀哩呼嚕猛吃的傳統菜色。

材料

米苔目300公克、豬肉絲150公克、香菇50公克、蛋酥100公克、
紅蘿蔔10公克、韭菜50公克、豆芽菜50公克、油1大匙

醃料

醬油1小匙、糖1/4小匙、酒1大匙、全蛋液1大匙、太白粉1大匙、
水1大匙

調味料

醬油1大匙、醬油膏1大匙、沙茶醬1大匙、糖1小匙、水200cc

步驟

❶ 香菇泡水至軟，去蒂切絲。

❷ 取容器裝入豬肉絲，加入醃料醃10分鐘。

❸ 韭菜切段，紅蘿蔔去皮切絲。

❹ 豆芽菜去頭尾，泡水。

❺ 取鍋加入1大匙油，放入肉絲大火炒熟。

❻ 加入香菇絲、紅蘿蔔絲、韭菜、米苔目及調味料，繼續拌炒約3-5分鐘。

❼ 至米苔目入味，再加入豆芽菜、蛋酥炒至菜熟，即可上桌。

小撇步

ⓐ 蛋酥作法見第10頁說明。

ⓑ 米苔目沒煮完，也可以煮糖水做甜點，這樣就不會浪費了。

ⓒ 這道菜做法自由，可以加入個人喜歡的食材，如海鮮、高麗菜等等。

客家味 客家鹹湯圓

吃上碗熱呼呼、圓滾滾的鹹湯圓，可是客家人度過冷冬寒夜的好菜了。客家人湯圓愛鹹不愛甜，將湯圓加高湯，煮得軟乎軟乎，吃起來軟綿滑潤，蔬菜甘甜可口，豬肉脂融味鮮，還有沁香誘人的油蔥香氣，簡直是最高享受。若再喝一口飽含精華的湯汁，讓人不融心也難。

材料
小湯圓300公克、豬肉150公克、白菜200公克、香菜10公克、芹菜20公克、開陽20公克、雞高湯1000cc、乾香菇30公克、油蔥酥1大匙、油2大匙

醃料
Ⓐ 酒1大匙
Ⓑ 酒1大匙、醬油1大匙、全蛋液1大匙

調味料
醬油1大匙、胡椒粉1/4大匙

步驟

❶ 白菜洗淨切成絲。

❷ 開陽洗好放入醃料Ⓐ，乾香菇泡軟後，去蒂切絲。

❸ 豬肉切絲，加入醃料Ⓑ醃10分鐘。

❹ 芹菜清洗切末，香菜清洗切末。

❺ 熱鍋加入2大匙油，放入肉絲大火炒熟。

❻ 再放入香菇絲及開陽，炒至香味出來。

❼ 加入高湯、泡香菇及蝦米的水、白菜、調味料，待至煮滾。

❽ 另取鍋裝水煮滾，放入小湯圓煮到浮上後，撈起。

❾ 將湯圓放入高湯，灑上芹菜末、香菜末、油蔥酥即完成。

ⓐ 泡過的香菇及蝦米的水加入湯中，可以讓湯汁更加鮮美。

ⓑ 注意要小心不要讓湯圓煮太久，以免口感變質。

ⓒ 湯圓另外用水煮熟，湯汁才不會混濁黏稠。

客家鑲豆腐

鑲豆腐據說是客家人從「餃子」變化出來的創意料理。客家人從北方避難到南方，小麥不多，所以把麵皮改用豆腐，肉餡改成鑲入後，油炸而成。吃起來外香脆、內柔嫩，豆腐淡雅又鮮美，餡料迸出肉汁，充滿豐足感，成為客家菜中極具代表性的料理。

材料

板豆腐600公克、絞肉200公克、油2大匙、太白粉100公克、
蔥20公克、香菇20公克、薑10公克、太白粉水1大匙

調味料

Ⓐ 醬油1大匙、香油1小匙、胡椒粉1/4小匙、糖1/4小匙
Ⓑ 蠔油1大匙、醬油1大匙、水200CC、糖1小匙、胡椒粉1/4小匙、酒1大匙

步驟

❶ 香菇泡水至軟，切成碎末。

❷ 蔥一半切末，一半切成段，薑切末。

❸ 取容器裝入絞肉、香菇末、蔥末、薑末、調味料Ⓐ，拌匀成餡料。

❹ 將板豆腐切成三角形。

❺ 在豆腐斜切面中間用湯匙挖出約2公分洞。

❻ 在洞中填入餡料，填時要超過豆腐。

❼ 在豆腐外表抹上太白粉。

❽ 取鍋熱油至高溫，放入豆腐油炸約3-5分鐘，至表面金黃色時即可撈起。

❾ 鍋中留約2大匙油，爆香蔥段。

❿ 再加入豆腐、調味料Ⓑ，大火煮約5分鐘至入味。

⓫ 將豆腐裝盤，餘下湯汁以太白粉水勾芡，淋在豆腐上即可。

小撇步

ⓐ 豆腐挖洞時不要挖太深，避免之後容易破。

ⓑ 炸豆腐及裝盤時，要小心豆腐裂開。

鹹魚脆肉餅

鹹魚加豬絞肉經過摔打、攪拌，再以油煎製成的鹹魚肉餅，是道客家名菜，說是客家人的漢堡排也不為過。肉餅的外表金黃焦香，吃起來緊實飽滿又彈脆，魚香味美又不帶腥味，盡是海陸結合的美味。

一般印象多認為客家人不吃魚，事實上只是因客家人傍山住，魚較少且稀貴。當有魚時，還是會趕緊醃起來做成鹹魚，可是早期客家人的重要蛋白質來源！

材料

鹹魚 400 公克、絞肉 300 公克、荸薺 50 公克、
雞蛋 1 顆（約 50 公克）、蔥 10 公克、薑 10 公克、
蒜 10 公克、麵粉 10 公克、油 1 大匙

調味料

Ⓐ 醬油 1 小匙、胡椒粉 1/4 小匙、糖 1/4 小匙
Ⓑ 醬油膏 1 大匙

步驟

❶ 荸薺削皮切末。

❷ 蔥切末，薑削皮切末，蒜切末。

❸ 將鹹魚切去頭及骨，肉切為粗末。

❹ 取容器放入鹹魚肉、絞肉、荸薺、雞蛋、薑、蒜，及加入調味料A攪拌均勻，甩打成泥。

❺ 肉泥用手擠出約掌心大小，再捏成圓球狀，裹上麵粉。

❻ 取鍋加入1大匙油，放入肉球，以中小火煎約5-10分鐘。

❼ 至兩面金黃時，即可擺盤，灑上蔥末，放上醬油膏即可。

小撇步

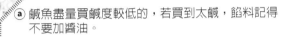

ⓐ 鹹魚盡量買鹹度較低的，若買到太鹹，餡料記得不要加醬油。

ⓑ 魚肉與豬絞肉混合時，記得混合甩打增加黏性。

ⓒ 煎煮時油不能少，要把鹹魚煎得焦焦脆脆，逼去內部水分及腥味，才會不腥好吃。

鹹冬瓜燒肉丸

客家味

客家人特別會做醬菜，鹹冬瓜更是其中的佼佼者。清淡的冬瓜醃漬豆豉後，滋味變得陳香鹹郁，與豬絞肉結合做成肉丸，豬肉鬆軟鮮甜，冬瓜甘醇回韻，更降低了油膩感，讓肉的好滋味在味蕾及喉間跳轉釋放，若再搭配白飯淋上鹹甘醬汁，大口扒進嘴裏，呼~!!!真是讓人受不了的飽足美味。

材料

絞肉400公克、香菇100公克、鹹冬瓜50公克、洋蔥50公克、
荸薺30公克、蒜10公克、香菜5公克、太白粉水1大匙、
水300cc、油1大匙

調味料

醬油1大匙、米酒1大匙、胡椒粉1/4、糖1/4小匙

步驟

❶ 香菇用水泡發，去
蒂頭後切末。

❷ 蒜頭切末，洋蔥切
末，鹹冬瓜切末。

❸ 荸薺削皮切末。

❹ 取容器放入絞肉、
荸薺末、鹹冬瓜
末、洋蔥末、香菇
末、蒜末、調味
料，攪拌均勻。

❺ 將絞肉捏成球狀。

❻ 取鍋加入1大匙油，
放入肉丸，以中火
煎至表面焦黃上
色。

❼ 加入水，讓肉丸燒
煮約5分鐘至熟成，
將肉丸取出裝盤，
湯汁留下。

❽ 將太白粉水加入湯
汁中勾芡，淋在肉
丸上，灑上香菜葉
即可。

小撇步

ⓐ 絞肉要摔打至有黏性，口感會更好。

ⓑ 剛下肉丸煎時，不要翻動，避免散糊掉。

ⓒ 這道菜用煎的較香，也可以放入電鍋做成
鹹冬瓜蒸肉丸。

客家味

筍乾封肉

筍乾封肉可是客家人喜慶宴客的好菜。封是指煮時用蓋「封」住，讓肉慢慢燜煮熟化。吃時肉油滑香潤，筍乾脆甘，一層脂一層肉，在口中疊疊綿綿，不斷繞舌綿化，滿口的脂香、筍香、醬香，還有讓人心神迴盪的古早香。

材料

五花肉800公克、筍乾400公克、蔥50公克、水1000cc

調味料

醬油3大匙、醬油膏2大匙、糖1大匙、胡椒粉1/4小匙

步驟

❶ 筍乾泡水3-4小時以上，放入鍋中以大火燙15-30分鐘備用。

❷ 蔥切為長段。

❸ 五花肉切成塊狀。

❹ 起油鍋，放入五花肉炸約5-10分鐘至皮脆定型，將五花肉取出。

❺ 原鍋留約1大匙油，放入蔥段，以大火爆香。

❻ 將筍乾放入，倒入水，放入五花肉塊。

❼ 最後放入調味料，加蓋燜煮約1個半小時，至肉軟熟即可。

小撇步

ⓐ 筍乾泡水再汆燙過，可以去除鹹、酸、澀味。

ⓑ 五花肉炸過較香，且燉滷過仍可保持外型。

71

眷村
家鄉味

眷村家鄉味，是1949年之後，根基於從大江南北所帶來的中國八大菜系中的豐富菜色，而這些菜色來到台灣後，又和台灣風土融合，產生變化。

　　一是產生了來自「竹籬笆」裏的眷村菜，尤以麵食及家常菜為大宗。當時來自不同省地的人們在眷村裏聚居，由於每個家庭都是離鄉背景，經濟較差，一方面為了省錢，一方面也情感好，時常聊天串門子，在不斷討論交流的同時，家常美食也在眷村裏逐漸融合，演變出如牛肉麵等獨具台灣在地風味的眷村菜。

　　另一是眷村之外菜色的變化，以高官顯要家中及其家廚手中的風味菜，或是家傳的私房菜為主，這些菜色則多是精緻、可宴客的大菜。由於高官顯要在大陸時期即為富貴人家，出手闊綽，吃遍美食，家中傳襲了許多精緻的家鄉美味以及私房菜。來台後不僅流傳各地，還延伸出了新變化，顯例即為左宗棠雞，即是廚師彭長貴（師從譚延闓家廚曹藎臣）創造出來的。

　　這些眷村及家鄉的真心好味道，因著人們兼容並蓄、懷舊保善的精神，繼續傳襲發揚。

雪菜炒年糕

參見DVD示範

這絕對是道牽動人心、充滿溫暖回憶的樸實好味道,它誕育於江南米鄉——寧波,飄香傳續於富饒之島——台灣,每當除夕或年節時,總有這道菜的相伴。晶潤滑亮的白皙年糕,邊綴著青綠相間的雪菜、豬肉、竹筍,美如春雪綠葉景。當張口送入,年糕外表黏潤柔綿,內裏彈牙不韌,伴隨著雪菜、脆筍、豚肉及高湯共譜的鮮美脂汁,在口中不斷交韻迸放,再加上與家人團聚的美好時光,既滿足了嘴,也溫暖了心。

材料

寧波年糕300公克、雪菜100公克、豬絞肉50公克、乾香菇50公克、
竹筍50公克、薑10公克、蒜10公克、枸杞5公克、雞高湯300cc、水100cc

調味料

鹽1/2小匙、胡椒1/4小匙

步驟

❶ 枸杞泡水至軟,香菇泡水至軟後切末。

❷ 雪菜泡水發開去鹹,再不斷沖水抓洗至細沙去除後,擰乾切碎。

❸ 薑、蒜切成末,竹筍去皮修去老纖維,切成細絲。

❹ 年糕切成薄片狀。

❺ 起油鍋大火加熱,放入年糕過熱油,約2-3分鐘至年糕金黃浮起,撈起。

❻ 鍋中留油約1大匙,放入蒜末、薑末、絞肉,大火爆香。

❼ 放入筍絲、雪菜、香菇先拌炒一下,再放入水100cc煨煮。

❽ 放入年糕、鹽、胡椒、高湯,以中火煨煮,至年糕軟熟入味,湯汁稠滑,加入枸杞拌勻,即可上桌。

小撇步

ⓐ 雪菜泡水目的在去鹹,也讓葉子展開好去沙。泡的時間視鹹度而定,一般需要30分鐘以上,泡時可吃一小片看看是否已經去鹹。

ⓑ 雪菜清洗時,特別要注意葉梗中夾雜的沙,務必去除乾淨。另外,洗完一定要擠乾,去除鹹澀水。

ⓒ 寧波年糕冰過後,會變硬且有冰箱味,炸過不僅讓年糕回Q、去異味,更易吸附醬汁,且帶焦香風味。若吃較清淡者,也可改用熱水汆燙或浸泡。

ⓓ 因雪菜內含鹽分,所以鹽可視情況添加,避免過鹹。

眷村
家鄉味

家鄉炒飯

炒飯是最具有傳統特色的食物，據說兩千多年前就有
這道菜，無論男女老少，都有大啖炒飯來填飽肚子的
身影及回憶。炒飯有各種的種類及變化，如火腿炒
飯、海鮮炒飯、什錦炒飯、揚州炒飯、廣州炒飯，甚
至是麻婆豆腐炒飯、排骨炒飯、干貝炒飯，只要你把
白飯炒得金黃焦香，無論搭配上雞鴨魚肉、叉燒、火
腿、蝦仁、肉鬆、菜脯，甚至鳳梨、番茄，再加點愛
心，都是絕妙結合及記憶裏的家鄉美味。

材料

白飯300公克、蝦仁100公克、旗魚肉100公克、青豆仁50公克、洋蔥20公克、紅蘿蔔10公克、蒜10公克

醃料

鹽1/4小匙、太白粉1小匙

調味料

胡椒粉1/2小匙、鹽1/2小匙、酒1大匙

步驟

❶ 蝦仁背部劃刀,去腸泥後洗淨。

❷ 旗魚肉切片,和蝦仁放在一起,放入醃料,醃約5分鐘。

❸ 蒜頭切末,紅蘿蔔削皮切丁,洋蔥切丁。

❹ 起油鍋大火加熱,將蝦仁、魚肉放入過油約1-2分鐘,至表面乾爽,取出。

❺ 鍋中留約1大匙油的量,放入蒜末、洋蔥、紅蘿蔔,大火爆香。

❻ 至蔬菜略乾,加入蝦仁、旗魚肉、青豆仁、白飯及調味料。

❼ 繼續拌炒,至米粒鬆軟焦香,材料均勻,即可盛盤上桌。

ⓐ 蝦仁跟魚肉先炸過,除鎖住原味、增添焦香,更可去除腥水,讓飯不會吸收濕糊。

ⓑ 炒飯有幾個重點:

- 蔬菜及配料一定要先炒除水分,才能加飯下去炒。
- 油不用多,但鍋內接觸面都要有油,這樣飯才有足夠空間伸展跟受火。
- 飯可以先用蛋黃或美乃滋抓勻再去炒,若是剛煮好的飯,記得要攤開讓水氣蒸發。也可用隔夜飯,只是營養及風味會略減。
- 飯是用翻炒的,不要用鏟子一直壓,這樣才會飯香又粒粒分明。

蒜泥白肉卷

蒜泥白肉起源跟蔥油雞一樣，是因拜拜產生的直率美味。據說是由滿人在冬至那天，挑選豐碩肥滿的豬來祭祀上天祖先，再將豬肉白煮切片的吃法而來。後來經過改良，蘸佐了蒜泥、醬油所調製而成的濃香醬汁，不僅大幅降低肉腥味跟油膩感，更可充分享受到豬肉的香腴鮮美。

材料

五花肉片300公克、小黃瓜200公克、蔥100公克、香菜10公克、蒜10公克、薑10公克、米酒2大匙

調味料

醬油膏3大匙、水3大匙、芝麻醬1大匙、糖1大匙、辣油1大匙

步驟

❶ 蔥、薑洗淨拍破，蒜切末。

❷ 小黃瓜洗淨後，用削皮刀直接削成片狀。

❸ 取容器將蒜末、調味料拌勻。

❹ 取鍋裝水，放入蔥、薑大火煮開。

❺ 煮開後轉中小火，放入五花肉、米酒，汆燙3-5分鐘至肉熟。

❻ 將煮好的五花肉撈出，切除豬皮（口感會較好）。

❼ 把肉平鋪，上面擺上小黃瓜片，捲成卷狀包好。

❽ 擺盤，淋上調味料，灑上香菜，即可上桌。

小撇步

ⓐ 這道菜的豬肉，建議買切好長薄片的，薄片除方便包捲小黃瓜，且腥味少，更清爽。

ⓑ 豬肉若要自己切薄片，建議冷凍過再來切，會比較容易。

ⓒ 豬肉要逆紋切（切面和肉纖維垂直），這樣筋才會少，口感也較柔嫩。

ⓓ 捲豬肉卷時，封口注意最後要朝下封好，不然擺或吃時容易散掉。

芥蘭炒牛肉

芥蘭炒牛肉,是深知牛肉美味,吃出千變萬化,幾乎成精的潮汕人帶來的好味道,在台灣已成為人們到餐廳常點的經典菜。新鮮溫體牛肉＋在地鮮蔬（芥蘭）＋醇美富海味的蠔油,經過大火翻炒,牛肉柔嫩滑口,芥藍清甜脆口,醬汁鮮韻甘融,若再搭上白飯大口扒下,轉眼間就風捲殘雲,碗盤皆空,只有肉足飯飽,營養滿點的感受,再喝上一碗湯,人生何求!

（材）（料）

牛肉240公克、芥蘭菜500公克、薑5公克、油2大匙

（醃）（料）

醬油1大匙、米酒1大匙、太白粉1大匙、全蛋液1大匙

（調）（味）（料）

蠔油1大匙、醬油1/2大匙、糖1/4小匙、胡椒粉1/4小匙、酒1小匙

（步）（驟）

❶牛肉洗淨，以逆紋切片。

❷取容器裝入牛肉、醃料，醃10分鐘以上。

❸薑洗淨切片；芥蘭摘葉，梗削去硬皮，斜切小段。

❹取鍋裝水大火煮沸，將芥蘭梗放入汆燙約1-2分鐘至略熟，撈起。

❺再放入芥蘭葉汆燙約30-60秒，略熟後撈起（梗葉分開放）。

❻取鍋放油2大匙，以中火將牛肉片泡炒至7分熟，取出。

❼原鍋留約1大匙油量，下薑片爆香。

❽加入牛肉、芥藍菜梗、調味料，翻炒約3-5分鐘至入味。

❾最後再加入芥蘭菜葉翻炒，至葉軟，即可上桌。

小撇步

ⓐ牛肉逆紋切（切面和肉纖維垂直），這樣筋才會少，口感也較柔嫩。

ⓑ芥藍燙過可除異味，保鮮綠，但別燙太久，不然再炒會過熟。

ⓒ芥蘭菜先下梗炒，最後再放葉，才會梗熟葉子又脆嫩。

魚香烘蛋

眷村
家鄉味

「魚香烘蛋」的材料可沒有魚,是用辣椒醬、蔥、蒜、糖做成濃稠的「魚香醬」,淋在那炸得金黃膨鬆的酥蛋上。當一口咬下,酸、甘、辣、鮮、鹹、香各種滋味在嘴裏交韻,不斷撞擊你的味蕾,那種感官刺激和滿足,除了爽快還是爽快。

「魚香醬」的名稱,有人說是這種醬「餘香」不止而來,也有人說這是四川民間特有的烹調魚類的調味醬汁。四川人來台後,也把這挑胃又回韻的鮮辣醬汁,及做成的痛快料理帶入家家戶戶裏。除了魚香烘蛋,還有魚香豆腐、魚香茄子、魚香肉絲,不知你吃過幾道呢?

材料

絞肉 100 公克、蛋 3 顆（約 150 公克）、荸薺 50 公克、
木耳 50 公克、蔥 50 公克、蒜頭 50 公克，太白粉水 3 大匙

調味料

Ⓐ 辣豆瓣醬 2 大匙、醬油 1/4 小匙、米酒 1 大匙、糖 1 大匙
Ⓑ 白醋 1 / 2 小匙

步驟

❶ 蒜頭切末，蔥切末，荸薺去皮切末，木耳切末。

❷ 取容器放入蛋及太白粉水 2 大匙，打勻成蛋液。

❸ 起油鍋，以大火加熱，待至 180 度高溫時，先撈出一大匙熱油。

❹ 倒入蛋汁，約 8-10 秒蛋膨發，立即將匙內熱油沖淋在未熟的蛋液上。

❺ 繼續烘炸約 20 秒，將蛋翻面。

❻ 待兩面都金黃焦香時，即可瀝油盛盤。

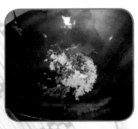

❼ 原鍋留約一小匙油量，放入荸薺末、木耳末、蒜末、蔥末，大火爆香。

❽ 下絞肉拌炒約 5 分鐘至肉熟時，加入調味料Ⓐ轉中火熬煮。

❾ 至肉香醬潤，淋上白醋及太白粉水 1 大匙勾芡。

❿ 將醬汁淋在蛋上即可。

小撇步

ⓐ 烘蛋的關鍵，一定要油多、溫度高，這樣才能讓蛋烘得膨鬆漂亮。

ⓑ 將熱油先撈出一匙，再淋在蛋上方這個技巧，是為了讓蛋剛烘炸時，上下都能同時受熱，可以烘得更大、更膨鬆。

ⓒ 烘炸和翻蛋的時候要小心，常撥弄或太大力都會容易破掉。

ⓓ 醋一定要勾芡前再加入，不然過度受熱會讓酸味跑掉，且產生異味。

眷村家鄉味

五更腸旺

五更腸旺是愛吃飯人的生火好菜。腸腴血嫩，脂香撲鼻，豆腐軟滑，再加上辣椒等天然辛香料共熬的鹹郁醬汁，口水已流滿桌，不裝桶白飯來，怎可能放過？五更腸旺是從川菜變化而來的台式川菜，「五更」有說是因為菜要煮到五更，也有人說用了辣椒等「五」種植物「梗」，還有種說法是因煮的爐子叫「五更爐」，「腸」是大腸，「旺」是貴州話裏的鴨、豬、雞血。這樣的搭配除了物廉好吃外，更蘊含了過去人們希望「五更」天明後，一切「昌旺」的小小心願。

材料

處理過大腸頭80公克、鴨血1塊（約150公克）、板豆腐1塊
（約150公克）、酸菜30公克、辣椒10公克、薑10公克、蒜
15公克、蔥5公克、太白粉水2大匙、水150cc

調味料

醬油1大匙、辣豆瓣醬1大匙、花椒1小匙、白醋1/2小匙、
糖1/2小匙

步驟

❶ 蒜頭切末，薑切末，酸菜切末，蔥切段，辣椒去籽切末。

❷ 大腸頭剖開將油脂剔除，再切為直條。

❸ 豆腐切方塊。

❹ 鴨血切厚片。

❺ 取鍋加水煮滾，放入大腸、鴨血汆燙約30-60秒去除油腥，撈起沖水。

❻ 起油鍋，放入豆腐炸約5分鐘至雙面金黃，撈起。

❼ 鍋中留約1大匙的油量，放入蒜末、薑末、蔥段、辣椒末、酸菜，大火爆香。

❽ 加入調味料、水150cc，煮約3-5分鐘至醬汁滾融。

❾ 加入大腸頭、鴨血、豆腐，轉中小火燉煮20分鐘以上。

❿ 至食材軟潤入味，加入太白粉水勾芡，即可起鍋。

小撇步

ⓐ 這道菜建議使用大腸頭，特別香且耐煮，咬勁也較夠。

ⓑ 酸菜若較酸、鹹，可以稍微汆燙一下，去酸鹹也讓味道更溫和。

ⓒ 鴨血汆燙別太久，約20秒去除血味雜污就好，太久會讓鴨血老硬。

ⓓ 這道菜也可以用電鍋燜煮，吃完料不夠時還可以再加料煮，是家裏很好的常備菜。

眷村
家鄉味

宮保雞丁

宮保雞丁是四川名菜，原是清宮太子少保——丁寶禎和家廚發明的私房菜。雞丁焦潤扎實，入口嫩滑，花生又脆又香，還有新鮮辣椒、乾辣椒、花椒三種椒類共譜出的豐富味覺層次，香麻回甘，涮嘴到一口接一口，無法停止，讓人吃完雞肉後，還是不斷翻挑著盤中花生、辣椒來吃，那想止饞卻更欲罷不能的模樣，既趣味又令人莞爾。

材料

雞胸肉600公克、蒜花生50公克、乾辣椒20公克、 小辣椒10公克、
大蒜10公克、蔥10公克、花椒粒5公克

醃料

醬油1大匙、米酒1大匙、太白粉1大匙、全蛋液1大匙

調味料

番茄醬2大匙、醬油1大匙、米酒2大匙、糖1小匙、太白粉1小匙、白醋1小匙

步驟

❶ 雞肉切成丁,大小約一口再大些。

❷ 取容器裝入雞丁、醃料,醃8分鐘以上。

❸ 大蒜切碎,蔥切段,小辣椒切小段,乾辣椒剪段。

❹ 起油鍋大火熱油,放入雞肉過油炸約5-8分鐘,至表皮金黃上色,撈起。

❺ 原鍋留約1大匙油的量,加入蒜末、小辣椒、乾辣椒段、花椒、蔥,大火爆香。

❻ 倒入調味料,拌炒約30秒以上至醬化開。

❼ 再加入雞肉繼續翻炒,約3-5分鐘至雞肉稠香收汁。

❽ 裝盤,灑上花生,即完成。

小撇步

ⓐ 醃雞肉的太白粉別太少,粉會讓組織軟化,且炸、炒後產生酥脆口感。

ⓑ 雞肉炸後會收縮,所以要切得比一口還大些,另外,別炸太久免得乾老。

ⓒ 辣椒可隨自己喜歡的量增減,乾辣椒可增加香味,生辣椒可增加辣度。

ⓓ 爆香要把香料香氣炒入油中,油包住香料,才會香辣又不傷胃。

ⓔ 番茄醬炒過,可以增色、去除果澀且香稠,雞肉也會更好吃。

辣椒鑲肉

辣椒鑲肉是道江浙來的盆頭好菜（上海話的開胃小菜），顛覆辣椒只有辣的味覺體驗，在不刺辣的辣椒中鑲嵌入豬肉餡，煎炸後以醬汁燒煮而成。辣椒軟透甘甜，肉餡鮮腴香實，醬汁黏醇入味，微透的一絲辣勁不僅不辛口，更將油膩感如風般地拂去，留下開胃醒口的感受。除熱食外，冷藏到透涼來吃更是一絕，成為以前伯伯叔叔配飯或下酒時最愛的家常小菜。

材料

豬絞肉200公克、翡翠辣椒100公克、荸薺50公克、豆豉20公克、薑10公克、蒜10公克、蔥10公克、太白粉1大匙、太白粉水1大匙、香油1大匙

醃料

醬油1大匙、糖1小匙、蛋1大匙、太白粉1大匙

調味料

醬油1大匙、烏醋1小匙、米酒1大匙、糖1小匙

步驟

❶ 蒜切末,薑切末,蔥一半切末,一半切花。

❷ 荸薺削皮切碎丁。

❸ 辣椒從中間剖開切口,將籽挖出。

❹ 取容器放入豬絞肉、荸薺、蒜末、蔥末、一半薑末、醃料,拌勻甩打至有黏性。

❺ 將絞肉填入辣椒內,切口處抹上太白粉。

❻ 起油鍋,放入辣椒炸約3-5分鐘,至辣椒略縮,撈起。

❼ 鍋中留1大匙油,放入另一半薑末、豆豉爆香後,倒入調味料。

❽ 再放入辣椒,燒煮約5分鐘,至辣椒入味收汁。

❾ 淋上太白粉水勾芡,裝盤,灑上蔥花、淋上香油即可。

小撇步

ⓐ 翡翠辣椒辣度低且體型較大,非常適合做這道菜,沒有時也可以用小青椒來做。

ⓑ 餡料摔打完,記得要靜置一下,讓調味融合。

ⓒ 餡料可以裝入塑膠袋中,剪一缺口再用擠的,會比較方便。

ⓓ 填餡料時不用全部塞滿,約8分滿即可,避免燒煮後膨脹爆出。

ⓔ 辣椒不用炸太久,炸至表面收縮、略顯金黃即可,避免燒焦。

醉雞

當炎熱夏日的傍晚，餐桌端上冰涼Q脆的醉雞時，可以說是最令人振奮的事情了。這道來自江浙的庶民美味，以去骨雞腿肉，放入枸杞、紹興酒中浸漬而成，入舌時沁涼入心，品嚼時鮮嫩多汁，還有陣陣的酒香回韻，成為爺奶伯叔最愛藏放冰箱的常備菜。只是這道菜有個「禁忌」，就是酒量不好的人可別多吃，小心不只醉了雞，也醉了人。

材料

去骨仿土雞腿1隻（約800公克）、枸杞20公克、水400cc、
鹽1小匙

調味料

紹興酒150cc、鹽1大匙、糖1小匙

步驟

❶ 枸杞泡水至軟，雞
腿肉用鹽1小匙抹
勻，醃10分鐘。

❷ 將一半的枸杞放在
雞肉上，捲起。

❸ 捲成像壽司卷一
樣。

❹ 再用錫箔紙將雞腿
包住，雙邊捲緊，
入蒸鍋蒸25分鐘以
上至熟。

❺ 另取鍋子，放入
水、另一半枸杞、
鹽1大匙、糖1小匙
煮滾。

❻ 將枸杞水裝入容
器，加入紹興酒拌
勻。

❼ 將枸杞水和雞肉一
起放到冷透。

❽ 待涼透，將錫箔紙
撕去，將雞腿泡入
枸杞水中，放入冰
箱冷藏，至少冰一
個晚上。

❾ 隔天取出切薄片，
盛盤淋上湯汁即
可。

小撇步

ⓐ 雞腿包錫箔紙時，雙面一定要捲緊，不然去
蒸容易散開。

ⓑ 紹興酒不要和水一起煮，不然會失去酒香。

ⓒ 雞肉卷一定要冷透才能將錫箔紙撕去，不然
肉容易崩散。

咕咾肉

咕咾肉，又叫「古老肉」、「古滷肉」，從名字就可以知道它的來源長久。這道粵地的家鄉名菜，不僅華人世界，連外國人也都風靡。挑選肥瘦相間的胛心肉裹粉油炸，再加入番茄、鳳梨（或山楂）等食材煮的「咕嚕汁」翻炒而成。豬肉香潤無骨，鮮蔬爽脆，還有甜酸的醬汁，光說就已讓人咕嚕咕嚕地猛吞口水了，難怪當上了這道菜，許多孩子寧願和爸媽吵架，或不管旁人是否還要，也要把那塊肉搶塞進嘴中~!!!!

材料

胛心肉300公克、青椒50公克、紅蘿蔔30公克、鳳梨50公克、蒜20公克、太白粉水1大匙

醃料

醬油1大匙、米酒1大匙、太白粉1大匙、全蛋液1大匙

調味料

ⓐ 番茄醬4大匙
ⓑ 醬油1大匙、米酒1大匙、糖3大匙、白醋3大匙、水1大匙

步驟

❶ 蒜頭切片狀,青椒去籽切塊。

❷ 紅蘿蔔削皮切片,鳳梨切片。

❸ 胛心肉切成塊狀,加入醃料醃10分鐘入味。

❹ 起油鍋大火加熱,將肉放入炸約8-10分鐘至熟。

❺ 肉快熟前,再放入青椒、紅蘿蔔過油約10秒,與肉一同撈起。

❻ 原鍋留約1大匙油,放入蒜片爆香。

❼ 再加入番茄醬,翻炒30秒以上至醬潤化開來。

❽ 加入鳳梨、調味料ⓑ略煮約30秒後,再加入肉、青椒、紅蘿蔔翻炒。

❾ 炒至肉均勻裹醬,淋上太白粉水勾芡,即可上桌。

小撇步

ⓐ 胛心肉就是豬的前腿肉,又稱為下肩肉,它的脂肪少、肉結實,炸過後吃起來香又不油膩。

ⓑ 青菜過油可保持翠綠,又能鎖住營養和風味。

ⓒ 番茄醬炒過,可以去除番茄澀味,且可以讓食材增色,醬汁香稠。

紅燒獅子頭

參見DVD示範

「廚房是她(媽媽) 的天下,獅子頭還有紅燒鴨～♪」,媽媽做的家常獅子頭,是連小孩子想到都會手舞足蹈的美味,據說這可是源自隋代宮廷菜「葵花獻肉」,千年傳承的美食經典款。絞肉做的大肉丸,外皮焦香,內餡肥碩,裏面還飽含白菜煨煮後釋出的甜芬。咬下去扎實飽口,脂流橫溢,白菜爽脆芳美,還有收蘊了上面所有精華的冬粉及鹹甘醬汁,趕緊動筷,還多說什麼!

材料

絞肉300公克、大白菜200公克、青江菜100公克、冬粉50公克、番茄50公克、荸薺50公克、水500CC

醃料

醬油1大匙、蛋1顆、酒1大匙、糖1/2小匙、胡椒粉1/4小匙

調味料

醬油2大匙、糖1大匙、酒1大匙、胡椒粉1/4小匙

步驟

❶ 冬粉泡水半小時以上至軟。

❷ 大白菜切大片,青江菜對半切。

❸ 荸薺削皮切末,番茄去蒂頭切塊。

❹ 取容器加入絞肉、荸薺、醃料,拌勻甩打至有黏性。

❺ 將絞肉捏塑成球,約掌心大小。

❻ 取油鍋,用中大火將肉球炸5-8分鐘,至表面上色成型,撈起。

❼ 另取鍋加少許油,先將番茄放入炒一下,再放入大白菜、獅子頭、水及調味料,煮20分鐘以上。

❽ 待白菜軟化,再放入冬粉、青江菜煮約1分鐘至熟軟,即可上桌。

小撇步

ⓐ 荸薺可以增加獅子頭的口感,若是買已經去皮的荸薺,記得要泡著水,防止氧化變黑。

ⓑ 絞肉最好吃是四肥六瘦的比例,考慮健康可以改為三比七。

ⓒ 獅子頭不用煎太熟,表面金黃定型即可,這樣才不會太乾無脂。

ⓓ 獅子頭要放在白菜上面煮,一方面可讓白菜吸收油脂,也可讓獅子頭不會煮爛。

ⓔ 青江菜可另外汆燙過,獅子頭盛盤後放在旁邊即可。

淮山老鴨煲

廣東人是1949來台人數前幾多的族群，也為台灣美食光譜，增添了如飲茶、燒臘等好味道，但要説到最家常的，絕不能少了煲湯。煲湯是廣東人的飲食之粹，講究少調味，保原味，及小火慢熬的將食物營養及精華匯煮入湯，食材只要新鮮可吃，什麼都可煲。這湯將鴨腿「飛水」（廣東話裡的汆燙），結合中藥材、山藥，以及另加入苦茶油細火煨煮而成。嚐起來不僅味郁溫和，滋補養身，還可感受到那慢煨之下的溫暖情意。

材料

鴨腿一隻（約100公克）、山藥100公克、秀珍菇100公克、冬粉50公克、薑20公克、枸杞5公克、紅棗10公克、高湯400cc、苦茶油1大匙

調味料

鹽1小匙、酒2大匙

步驟

❶ 枸杞、紅棗泡水至軟。

❷ 冬粉泡水半小時以上至軟。

❸ 薑削皮切片。

❹ 山藥削皮切塊，秀珍菇洗淨。

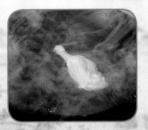

❺ 鴨腿放入水鍋中汆燙3分鐘撈起，沖水。

❻ 大火熱鍋，放入苦茶油1大匙及薑片爆香。

❼ 放入高湯、山藥、秀珍菇、鴨腿肉、枸杞、紅棗及調味料，小火燜煮30分鐘以上。

❽ 煮至山藥軟熟，放入冬粉煮滾，即可盛鍋上桌。

ⓐ 山藥的黏液會讓手癢，去皮時可以戴手套，癢的話可以用醋水洗手。

ⓑ 這道菜的味道和藥性都很溫和，男女老少都適合吃。

ⓒ 秀珍菇外，也可以使用鮑魚菇。

ⓓ 正宗煲湯要煮1-2小時上至湯濃料爛，只是台灣人一般愛吃湯料，若想吃道地煲湯的人，可以試試看。

ⓔ 建議可用砂鍋或陶鍋來煲，更可保食材水分及風味。

紅燒牛肉湯

臺灣牛肉麵早已名聞遐邇，據說這可是起源於高雄岡山眷村的好味道。四川老兵將家鄉美味「小碗紅湯牛肉」，結合岡山在地特產「豆瓣醬」改良而成，是吸收融合多元族群優點的台灣飲食傑作。吃起來牛肉軟潤，湯鮮醬醇，還有那濃郁夠勁的香辣滋味，無論是單喝或再加上麵條，都是絕頂美味，因此成為台灣遊子在外面闖蕩時，最想念的家鄉味。

材料

牛肋條500公克、牛番茄100公克、白蘿蔔150公克、紅蘿蔔150公克、蔥20公克、薑20公克、蒜頭20公克、八角2公克、月桂葉2公克、油2大匙、水1500cc

調味料

Ⓐ辣豆瓣醬2大匙、甜麵醬2大匙
Ⓑ醬油3大匙、糖1大匙、酒2大匙

步驟

❶薑切末,蒜頭切末,蔥切段。

❷將牛肋條切塊,約兩口大小再大些。

❸牛番茄去蒂切塊,白、紅蘿蔔切滾刀塊。

❹取鍋加水大火煮滾,放入牛肉汆燙約5分鐘至變色,取出沖水。

❺另取鍋加油2大匙,大火加熱,放入薑末、蒜末爆香。

❻再放入辣豆瓣醬、甜麵醬均勻炒開。

❼加入水、牛肋塊、蘿蔔塊、牛番茄、蔥段、八角、月桂葉及調味料Ⓑ,小火繼續燉煮約60-90分鐘。

❽至蘿蔔軟熟、牛肉爛香即可裝碗享用。

小撇步

ⓐ 牛肋條油花分布均勻,且帶點筋,適合燉煮,吃起來略帶口感且多汁。

ⓑ 切牛肉塊時,記得要比想要吃的大小再略大一點,因為煮過後會縮小。

ⓒ 爆香時,若牛肉上有肥脂肪塊,可取下當成爆香的油使用。

ⓓ 牛肋爛煮時間要夠,這樣才會入味,喜歡軟爛者,可以再多爛煮一下。

蒜燒黃魚

黃魚，在過去可是老饕級的珍貴佳餚。黃魚肉白細緻，
肥嫩脂香，油炸再紅燒，不僅讓魚焦香四溢，再讓鹹甘
醬汁燒煮沁入，使魚肉鮮美倍增，舌韻不止，成為行家
的上選菜色。

有趣的是，黃魚也陪伴了以前不少男女的浪漫青春，因
黃魚左、右耳石，組起來正好是顆愛心，不僅大頭兵常
拿來當作情人信物，羞報的男孩也會拿來送給黃魚表
情，還有魚石破碎或變色，是另一半移情別戀的讖
兆看法，讓許多黃魚月老當不成，白捐了軀。

材料

黃魚一條（約400公克）、蒜苗20公克、大蒜50公克、
太白粉水1大匙、水100cc

調味料

醬油3大匙、酒2大匙、糖1小匙、胡椒粉1/4小匙

步驟

❶ 蒜苗切絲泡水，大蒜切除蒂頭。

❷ 黃魚去鱗、鰓，撕去頭、臉部皮層，洗淨拭乾。

❸ 將魚雙面各劃3刀。

❹ 起油鍋，大火加熱，放入蒜頭炸約3分鐘，至蒜頭略顯金黃即撈起。

❺ 再將魚放入炸約5-8分鐘，至魚雙面上色定型撈起。

❻ 原鍋留油約1大匙，放入蒜頭大火略炒約10秒。

❼ 再加入黃魚、調味料、水，煮10-15分鐘至收汁入味。

❽ 用太白粉水勾芡，即可將魚盛盤。

❾ 淋上醬汁，擺上蒜苗，即可享用。

小撇步

ⓐ 真正的黃魚頭部內才會呈網狀凹骨，煮前記得撕皮沖掉內部腥水，可以除腥並減少油爆。

ⓑ 炸蒜頭時要小心炸焦，略呈金黃時即可。

ⓒ 燒魚時要注意水量，若不夠時要補加，維持半碗水以上的量。

後山味

後山菜餚以原味、新鮮,及自然呈現著稱。

台灣後山族群非常多元,即使不講漢人的移入族群,單是原民族數即相當之多,且生活居地情形不同,有靠山,有靠海,因此各族代表飲食不大相同。山民的泰雅族常吃馬告;阿美族早期吃小米,後期稻米,現在也常吃糯米飯;魯凱族則以芋頭粉、小米等製成的內層包肉餡「奇那富」(狀如長形肉粽)最有名;海民達悟族則以飛魚乾爲特色。當然,鹹豬肉幾乎是所有原民皆有的普遍吃食。

雖然原民的飲食頗難劃一,但總的來說,原民生活因與自然共生,所以菜餚原味不造作,自然又新鮮。因取自山林,用之土地,所以對待食材的方法、態度是嚴肅神聖的,對土地自然更是珍惜,不多耗地力,藉由豐年祭、小米祭等儀式,感謝台灣山林土地,以及上天的賜與。

品嚐自然原味的後山佳餚的同時,除了讓身體更健康,也期許人們有著珍惜及保護腳下土壤大地,且與萬物自然和諧共存的無私精神。

後山味

馬告鹹豬肉

參見DVD示範

帶著胡椒及檸檬香的馬告，又叫做「山胡椒」，可是台灣在地的天然香辛料，原住民將它和鹹豬肉一同煎炙翻炒，創造出這一辛野奔放的好味道。吞下瞬間，皮香酥脆，豬肉嫩腴又辛香，檸檬清香讓脂汁在嘴中自由奔溢，盡顯甘甜，卻又不帶油膩。大快朵頤間，台灣山林豐饒的滋味，也不斷在你的口中和心裏，擴散感受。

材料

鹹豬肉400公克、蒜苗100公克、馬告5公克、辣椒10公克、
蒜10公克、油1大匙

調味料

白醋2大匙

步驟

❶ 蒜切末，辣椒去籽
切末，蒜苗切絲泡
水。

❷ 馬告洗淨剁碎。

❸ 取鍋加油1大匙，
大火加熱，放入鹹
豬肉煎約8分鐘，至
外表金黃酥脆後取
出。

❹ 將肉斜切成薄片。

❺ 原鍋放入辣椒末、
蒜末、馬告爆香。

❻ 放入鹹豬肉大火拌
炒約5-10分鐘至肉
熟。

❼ 最後放上蒜苗、淋
上白醋，翻炒約
20秒，即可盛盤上
桌。

ⓐ 馬告是曬乾的果實，十分堅硬，處理時可先用
　　厚刀壓過或重物敲過再來剁，較不會受傷。

ⓑ 鹹豬肉也可以自己做，做法詳見第9頁說明。

ⓑ 白醋可用一半量的檸檬淳取代。

樹子炒山蘇

最早知道將山蘇拿來吃的聰明人，據說就是東部的原住民，說這人聰明，是因為山蘇不僅天然防蟲，不須施藥，膳食纖維又居各類蔬菜之冠，因此成為原住民的健康養生的傳統好食材。加入小魚、樹子一起拌炒，山蘇脆嫩爽口，汁胰鮮美，嘴裏還不斷感受到小魚釋出的海洋芬香，及樹子甘韻，凝聚大海與山林的精華，讓人不精力充沛、心爽神怡也難。

材料

山蘇400公克、破布子40公克、小魚乾30公克、辣椒3條、
蒜20公克、薑10公克、蔥10公克、油1大匙、水20公克

調味料

鹽1/4小匙

步驟

❶ 小魚乾浸溫水泡至
軟。

❷ 辣椒去籽切細絲，
蒜切末、薑切末、
蔥切段。

❸ 山蘇洗淨，去除老
梗，剝成小段。

❹ 取鍋加油1大匙，放
入蔥段、薑末、蒜
末、辣椒絲、破布
子、小魚乾，大火
爆香。

❺ 再放入山蘇及水快
炒約3-5分鐘。

❻ 至山蘇熟，放入鹽
拌炒一下，即可上
桌。

小撇步

ⓐ 買山蘇時，要選梗粗葉深綠，末端有捲曲
嫩葉的，這樣才會營養足又嫩。

ⓑ 山蘇不用炒太久，這樣吃起來才會鮮脆。

ⓒ 炒山蘇時不用蓋鍋，不然會變色。

刺蔥白肉卷

刺蔥，原民戲稱「鳥不踏」（枝刺連鳥都怕）。這名字聽來陌生，但說到「茱萸」，大家就耳熟能詳了。它可是亞洲原生的植物，以前除重陽過節、填香包、做茱萸酒外，更是原民佐三餐的傳統天然香辛料。

刺蔥味如香蔥，袪寒活血，原民剁碎後，與醬油、香油拌成刺蔥醬，淋在白脂豬肉上，不僅辛香濃郁，去腥除膩，更可享受脂肉鮮嫩腴肥的好味道。此外，也可放在白斬雞、燙青菜上，是島嶼自產的萬用健康醮醬，趕快來嚐嚐。

材料

五花肉片300公克、小黃瓜200公克、蔥100公克、
香菜10公克、蒜10公克、薑10公克、米酒2大匙

調味料

醬油膏3大匙、芝麻醬1大匙、刺蔥醬1小匙、糖1大匙、
辣油1大匙、水3大匙

步驟

❶ 蔥、薑拍破,香菜切末,蒜切末。

❷ 小黃瓜去頭尾,切成絲狀。

❸ 取湯鍋加水大火煮滾,放入蔥、薑、米酒、五花肉,汆燙約3-5分鐘至肉熟,撈起。

❹ 將小黃瓜絲放入五花肉中,捲起成卷狀。

❺ 將小黃瓜突出的部分切去。

❻ 取容器,將蒜末、調味料拌勻。

❼ 將肉卷放在盤上,淋上調味料,擺上香菜,完成。

小撇步

ⓐ 小黃瓜也可用刮刀削成薄片後捲入。

ⓑ 刺蔥醬也可用新鮮刺蔥葉,記得剝去中間枝梗後,剁碎再用。

後山味 剝皮辣椒蛋

剝皮辣椒，相信大家一定都不陌生，雖是近二十多年才誕育的好味道，卻已成為花蓮美味的道地代表，更是後山遊子的鄉思滋味。

將辣椒剝皮去頭，放入醬油、砂糖的醇汁後，醃漬入味而成。吃起來脆口不辣，鹹香夠勁，可拌飯、拌麵及煮湯。追求與自然共生的後山居民，還常與平實的雞蛋一同煎炒，蛋焦香，汁黏潤，淋澆飯上大口塞下，簡單又夠勁的味道，實在過癮。

材 料

蛋4粒、剝皮辣椒100公克、蔥20公克、薑10公克、
紅辣椒10公克、蒜10公克、油2大匙、水2大匙

調 味 料

酒1大匙、醬油1大匙、豆豉1大匙、糖1/2小匙、胡椒粉1/4小匙

步 驟

❶ 將蔥切蔥花，薑切末，蒜切末。

❷ 辣椒切末，剝皮辣椒切長段。

❸ 取鍋加油1大匙，大火加熱，將蛋煎成4顆荷包蛋，取出。

❹ 鍋放油1大匙，放入蔥花、薑末、辣椒末、蒜末，大火爆香。

❺ 放入剝皮辣椒、調味料、水，燒勻成醬汁。

❻ 再放入蛋翻拌，約1-2分鐘至醬汁裹附，即可盛盤。

小撇步

ⓐ 煎蛋鍋子要熱，這樣比較不容易破，容易煎成漂亮的荷包蛋。

後山味　小魚麵包果雞湯

麵包果，因果實吃來像麵包得名，但這名字對美麗之島的東邊居民來說，遠沒有「巴吉魯」（阿美族語；Pacilo）之名來得更富回憶、更具故鄉情感了。據說在百年前，阿美族人已把它視為族樹，並會在七、八月結出黃碩的巨大果實時，採下燉肉、油炸，或是加入小魚乾等食材煮成這道名湯。麵包果吃起來猶如不酸的鳳梨，且粉嫩帶清香，湯裏蘊含雞、魚煨出的甘鮮味，令人擺脫夏日的炙熱，瞬間被山風海水所包圍，心爽神怡，成為後山人的代表湯品。

材料

仿土雞腿300公克、麵包果300公克、水梨100公克、
小魚乾20公克、高湯1000cc

調味料

黃豆醬1大匙、醬油1大匙、酒1大匙、糖1/4小匙

步驟

❶ 小魚乾泡溫水至軟。

❷ 麵包果去中心部分，連籽剝成小塊。

❸ 水梨削皮去心，切塊。

❹ 取鍋裝水煮滾，放入麵包果、雞肉汆燙3-5分鐘，撈起沖水。

❺ 另鍋放入高湯、小魚乾、水梨、麵包果、雞肉，熬煮20分鐘以上，至雞肉熟、水梨糊軟，即可上桌。

ⓐ 麵包果的籽可以一起放入，大籽吃起來像菱角，很香鬆。

ⓑ 麵包果皮有黏液，易黏手，建議可以冰過一晚後再來削皮，可減少黏手的情形。

ⓒ 土雞腿汆燙後，可以去除腥味雜質，但不用燙太久。

ⓓ 加入小魚乾可以增加鮮味，以及營養成分。

筵席菜
宴

台灣的族群多元，筵席餐桌上的味道更是起源甚多。有來自台灣原生，極具在地風味的辦桌菜；有出於因文人與官員交際產生的北投酒家菜；還有1949年後移入的各省館子菜，單這三類就已五花八門，更別說近年因經濟富裕，人際交流頻繁後，包含本土、異國風味在內的餐廳菜。

　　這些筵席菜色口味豐富，若嚴格來講，雖都是台灣不同族群的代表名菜和美食，但對台灣人來說，上了宴客桌就不會有藩籬，筵席就是要讓來自不同地方的人們圓桌相會，盡情交流情感，單純享受美食。

　　此外，這些菜有的巧思精緻，有的費工耗時，這是因為筵席無論發起目的為何，宴客主人希望盡情款待賓客，並讓大廚以最好的食材，施展最精湛的廚藝，以最高的水平完美呈現，讓賓客盡歡。

　　相信吃完感受到的，不僅是那一道道美觀大方的美味菜色，還有台灣人竭盡所能，將最好美味款待給人的真心情意。

紅蟳米糕

參見DVD示範

紅蟳米糕在台灣筵席裏，絕對是道占舉足輕重地位的重頭菜。據說前身是福州名菜「紅蟳八寶飯」，當前人度過黑水溝時，也把這紅蟳糯米的鮮美滋味帶上岸。紅蟳艷紅鮮美，肉厚螯肥，放在與香菇、魷魚等各種食材充分拌炒過的噴香油飯上，讓人心神盪漾。若再看到殼蓋裏滴溢著鮮汁，油香郁黃的蟹膏，有誰還客氣，管他宴會請客、結婚拜拜，不趕緊抓螯塞飯，大口朵頤的話，哪對得起自己。

材料

紅蟳1隻（約1000公克）、長糯米300公克、後腿肉100公克、
芋頭50公克、乾魷魚50公克、開陽40公克、乾香菇40公克、
薑20公克、蒜頭20公克

調味料

醬油2大匙、酒2大匙、糖1大匙、胡椒3小匙、水50cc、
油蔥酥40公克

步驟

❶ 糯米泡水2小時以
上，乾魷魚、乾香
菇泡水至少1小時以
上至發。

❷ 糯米瀝乾放入蒸
盤，中間留洞讓蒸
氣流通，入鍋蒸約
30分鐘以上至熟。

❸ 薑、蒜頭切末，芋
頭切丁，魷魚、香
菇、後腿肉切絲。

❹ 紅蟳剝殼處理好，
背蓋朝上進蒸籠蒸
10分鐘以上至熟
（螃蟹處理詳見第
12頁說明）。

❺ 起油鍋，將芋頭丁
放入炸約5-8分鐘，至
芋頭丁呈金黃色，撈
起。

❻ 原鍋留約油1大匙，
放入薑、蒜頭、開
陽、香菇、後腿肉
絲翻炒爆香。

❼ 依序放入調味料、魷魚略炒一下後，再關火
加入糯米飯翻拌，吸收醬汁，再加入炸好的
芋頭丁拌勻。

 小撇步

❽ 取出蒸熟的螃蟹，
將蟹螯略為拍碎，
身體視大小切為4-8
塊。

❾ 取盤放入米糕，擺
上螃蟹，即可火紅
登場。

ⓐ 挑紅蟳時，要選殼白裏泛黃，弧度較
大，捏起來飽實者，代表蟹黃及肉較
多。蒸蟹時要背殼朝上蒸，鮮味及蟹黃
才不會流失。

ⓑ 糯米要泡水，才能入蒸籠蒸，若用電鍋
的話，大約是用米1水0.6的比例去蒸。

ⓒ 糯米可先用滾水燙約2分鐘，再瀝乾去
蒸，這樣蒸的時間可縮短成3-5分鐘。

ⓓ 紅蟳也可等炒完米糕，才一起入蒸籠蒸
熟，會讓米糕帶有蟹香。

白鯧魚米粉

筵席菜
宴

這道老饕級的台灣古早味，相信大家都知道。鍋蓋掀開後入眼的，是那肉多厚實的金黃鯧魚，香味撲鼻的芋頭、蛋酥，以及吸蘊了食材精華的米粉湯；吃來則是魚鮮、湯濃、料豐富，米粉柔潤又極有飽足感，再加上同時滿足了人們「年年有餘」及「昌隆興旺」的雙重心願，是台灣人請客擺筵，或是逢年過節的餐桌上，絕對少不了的經典味道。

材料

鯧魚一隻（約800公克）、乾米粉（粗）600公克、芋頭300公克、 蛋酥30公克、
油蔥酥30公克、芹菜20公克、高湯1000cc、 蔥10公克、太白粉2大匙

醃料

醬油1大匙、酒1大匙、糖1/4小匙、胡椒1/4小匙

調味料

鹽1小匙、紹興酒1小匙、胡椒粉1/4小匙

步驟

❶ 芹菜切末，蔥切段，芋頭切塊。

❷ 鯧魚切除背鰭、尾鰭，剁切成直條，加入醃料醃約10分鐘。

❸ 將粗米粉乾切段，放入水鍋煮約20分鐘至軟。

❹ 起油鍋，將芋頭入鍋，炸約6-8分鐘，至表面略焦定型，瀝油取出。

❺ 把油溫升高，將鯧魚塊沾裹上太白粉，放入油炸約5-8分鐘，至外金黃內熟嫩，撈起。

❻ 原鍋留約1大匙油量，放入蔥段爆香。

❼ 加入高湯、芋頭，米粉及調味料，煮約20分鐘至芋頭軟熟後，盛鍋。

❽ 依序放入鯧魚、油蔥酥、蛋酥、芹菜，即可上桌。

小撇步

ⓐ 米粉若乾的不好買，也可以買煮好的。

ⓑ 米粉煮湯時用粗的，粗的耐煮、米香且口感佳；炒時則用細的，這樣才能吸收醬汁跟好咀嚼。

ⓒ 鯧魚切直條，好炸、保持魚形且宴客美觀，若要更方便食用，可再切為塊狀。

ⓓ 蛋酥作法詳見第10頁說明。

ⓔ 鯧魚若貴，也可用烏魚、旗魚或炸過的黑鯧、白帶魚取代。

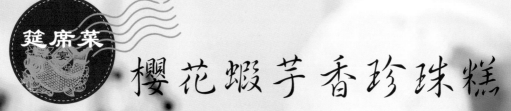

櫻花蝦芋香珍珠糕

這道菜是米糕的另一種作法，以寶島生長的蓬萊好米，取代不易消化的糯米，再結合寶島盛產的紫芋頭，及東港特產的櫻花蝦，經炒、蒸兩道手法而成。吃時米糕扎實飽口，芋頭香實，櫻花蝦內蘊的大海鮮味，還在嘴中不斷擴散四溢，再加上做法簡單，可同時滿足你飢餓的胃，和想吃米糕的心。

材料

蓬萊米200公克、芋頭150公克、櫻花蝦30公克、薑10公克、
水200 cc、油蔥酥20公克、蔥香油1大匙

調味料

鹽1/4小匙、糖1/4小匙、酒1大匙、白胡椒粉1/4小匙、醬油1小匙

步驟

❶ 薑切末，芋頭削皮後切成小丁。

❷ 白米淘洗乾淨。

❸ 起油鍋，放入芋頭丁炸約5-8分鐘，至芋頭丁金黃焦香，撈起。

❹ 取鍋放入蔥香油1大匙，加入薑末，大火爆香。

❺ 芋頭留1匙，其餘和白米放入鍋中，拌炒約3-5分鐘至米香。

❻ 加入櫻花蝦（也要預留1匙）、油蔥酥、水、調味料，至水煮沸。

❼ 裝入容器，進蒸鍋蒸20分鐘，至米熟透。

❽ 最後灑上留下的芋頭丁、櫻花蝦，即可享用。

 小撇步

ⓐ 炒米時要注意下方白米黏鍋，記得要翻拌。

ⓑ 這道米飯的水分控制很重要，去蒸時，米水比約為1:1，大約是水淹過料後再高一些些的量。

ⓒ 若米沒蒸透，可以戳些洞，加點米酒再蒸一下。

豬肉鑲菇

豬肉鑲菇是道精緻的好菜，簡單好做又美觀，將食材鑲入香菇上，再經蒸煮而成。吃來肉潤菇香，蔬甜爽脆，還有食材與香菇共譜共蘊出的鮮滋味，味美絕倫。鑲菇的料理工法流傳已久，透過鑲嵌手法，將食材的美味凝聚在香菇的寸圓之間，每一顆鑲菇，即是一顆美味的結晶，非常推薦做給親朋好友品嚐。

材料

豬絞肉300公克、生鮮香菇100公克、荸薺20公克、
紅蘿蔔30公克、薑10公克、青豆20公克、芹菜20公克、
高湯100cc、太白粉1大匙、太白粉水1大匙

醃料

鹽1/4小匙、酒1大匙、胡椒粉1/4小匙、全蛋液1大匙

調味料

胡椒粉1/4小匙、酒1大匙、糖1/4小匙、鹽1/4小匙

步驟

❶ 紅蘿蔔削皮切末，芹菜切末。

❷ 薑切末，荸薺削皮切碎末。

❸ 將紅蘿蔔末及芹菜末各留一小匙，其餘和薑、荸薺、絞肉、醃料裝入容器，拌均後甩打至產生黏性。

❹ 香菇去蒂頭，抹上太白粉。

❺ 把絞肉放在香菇上作成凸狀，放入蒸鍋蒸10-15分鐘至肉熟後，取出盛盤。

❻ 取鍋放入高湯、青豆、調味料，大火煮沸。

❼ 再用太白粉水勾芡成芡汁。

❽ 將芡汁淋在香菇上，灑上預留的芹菜末、紅蘿蔔末，即可上桌。

小撇步

ⓐ 這道菜建議使用生香菇，才會口感鮮嫩帶脆。

ⓑ 步驟4香菇抹上太白粉的目的，在增加香菇與肉餡間的黏著度，避免掉落。

ⓒ 絞肉別蒸太久，肉熟即可，避免食材老化過乾，影響口感。

碧綠掌上明珠

這道菜是酒家菜之一，也曾在電影「總舖師」劇情出現過。碧綠掌指的是去骨鴨掌，明珠則是鹹蛋黃，以碧綠玉掌抓住金黃明珠的模樣呈現，出場時即小巧精緻又吸睛。吃時鴨掌Q脆，蝦嫩鮮美，且不油不膩，非常適合宴客及節慶烹調。

材料

去骨鴨掌300公克、青花菜150公克、生鹹蛋黃50公克、蝦仁50公克、絞肉50公克、蔥10公克、太白粉1大匙、太白粉水1大匙、水100cc、酒1小匙

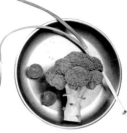

醃料

鹽1/4小匙、胡椒粉1/4小匙、糖1/4小匙

調味料

鹽1/4小匙、糖1/4小匙

步驟

❶ 蔥切末，青花菜去梗取花朵部位，浸水。

❷ 生的鹹蛋黃淋酒，用烤箱烤約5分鐘至熟香後，切半。

❸ 蝦仁剖背去腸泥，洗淨後剁成碎泥。

❹ 取容器放入蔥末、蝦泥、絞肉、醃料，攪勻後甩打至產生黏性。

❺ 將鴨掌攤開，灑上太白粉，將蝦漿擠成丸，放到掌心部位。

❻ 再將鹹蛋黃放入蝦漿內，壓抹整齊，入蒸鍋蒸約15-20分鐘至熟成。

❼ 取鍋加水大火煮沸，放入青花菜汆燙約3分鐘，撈起沖水。

❽ 另取鍋放水100cc、調味料煮滾，倒入太白粉水1大匙，做成芡汁。

❾ 將蒸熟鴨掌擺盤，青花菜擺盤中，淋上芡汁即可。

小撇步

ⓐ 青花菜易有小蟲，細縫要清洗乾淨。另外，去掉的菜梗可以切薄片，拿來做涼拌或炒肉絲都好吃。

ⓑ 烤鹹蛋黃的目的在去除腥味，也可以剝熟鹹蛋來使用。

ⓒ 青花菜別汆燙太久，避免老黃，沖冷水是為了讓它保持翠綠模樣。

ⓓ 蝦漿、蛋黃放入鴨掌壓抹時，可先用手沾水，避免黏手。

翡翠冬瓜封

冬瓜封是客家人年節祭祖、喜慶宴客的好菜。「封」是客式的傳統烹調法，以食材原本的狀態密封在容器內，慢慢燜煮到熟爛之意。而這道菜是將大塊冬瓜浸入高湯，再以蒸籠或大鍋燜煮過，並淋上翡翠芡汁而成。筷子撥開瞬間，冬瓜清香四溢而出，翡翠球花間錯鮮綠，色香俱全。吃時入口軟爛，還有雞湯的鮮美甘郁，完美呈現了食材的本味。

材料

冬瓜一塊（頭或尾部，約600公克）、菠菜50公克、蛋白100公克、
太白粉1大匙、高湯800cc、水100cc、太白粉水1大匙

調味料

鹽1/4小匙、糖1/4小匙、香油1大匙

步驟

❶ 冬瓜挑頭部或尾部
厚塊，整塊去皮。

❷ 將冬瓜內部囊籽去
掉。

❸ 取容器將冬瓜浸入
高湯中，放入蒸籠
蒸約20分鐘以上至
軟透。

❹ 將菠菜、蛋白、太
白粉打成菜汁，起
油鍋炸成翡翠（翡
翠作法詳見第10頁
說明）。

❺ 將翡翠浸水或沖水
去除多餘油脂，瀝
乾。

❻ 取鍋放入水100cc、
翡翠、調味料大火
煮滾後，放入太白
粉水1大匙做成芡
汁。

❼ 將冬瓜裝盤，淋上
翡翠芡汁，即可上
桌。

小撇步

ⓐ 冬瓜也別太大塊，太大容易煮不
熟，或是外爛內生。

ⓑ 翡翠要多沖幾次水，去除油脂，吃
起來才會清甜無油耗味。

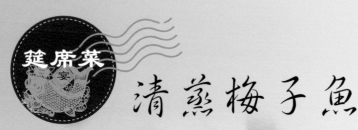

清蒸梅子魚

梅子是陪伴台灣人數百年來的好味道,結合蒸魚更是台灣餐館及筵席上常見的美味。這道菜美觀大方,簡單易做,只要將甘梅切碎後,再和鱸魚一起蒸煮即成。梅子的爽脆酸香,搭配上鱸魚不僅盡除油膩感,更能將魚的鮮甘盡引而出,入口時梅汁甜蘊繞舌,清爽開胃,魚肉則鮮美奔放,又極富優質蛋白,非常適合炎熱夏季裏,或追求健康的現代人來品嚐。

材料

鱸魚一條（約800公克）、紫蘇梅6-10顆、蔥10公克、
薑10公克、辣椒10公克、油2大匙

調味料

蠔油1大匙、醬油1大匙、米酒1大匙

❶ 薑削皮切絲，辣椒去籽切絲，蔥切絲後泡水。

❷ 紫蘇梅去籽，剁成泥。

❸ 鱸魚清除鱗、鰓及腹內，從肚身沿著脊骨剖開。

❹ 表皮兩面再各切4刀。

❺ 取容器，將紫蘇梅、調味料放入拌勻。

❻ 將魚放入盤內，淋上梅汁，放入蒸籠蒸約20分鐘至熟。

❼ 將魚取出，鋪放上蔥絲、辣椒絲、薑絲。

❽ 取鍋將油2大匙加熱至高溫，淋在魚上即完成。

ⓐ 辛香料浸水可以消除一些嗆味。

ⓑ 梅子可以吃看看鹹度，若較鹹，顆數就要少些。

ⓒ 蒸魚時可利用筷子輕戳魚肉較厚處，輕鬆穿過不流血水就代表熟了。

糖醋鯉魚

糖醋鯉魚原是山東年夜飯及宴客的名菜，來台後，也成為喜歡魚及酸甘味的台灣人的餐桌之好。將鯉魚整隻連骨炸得金黃熟脆，再淋上糖醋醬汁而成。吃時皮香骨脆，肉厚胏嫩，還有那香酸甘甜的開胃醬汁，更讓人一口接一口，越吃越順嘴，連骨頭都吃得乾乾淨淨。這道菜有個有趣之處，因華人深信鯉魚會躍龍門，所以也會連帶地將鯉魚炸得呈彎曲跳躍，或像蟄伏待躍的樣子，希望吃完之後，也能大放異彩，登峰造極。

材料

鯉魚一條（約800公克）、蒜5公克、薑5公克、蔥5公克、
雞蛋1顆、太白粉3大匙、米酒1大匙、番茄醬3大匙、

調味料

Ⓐ 糖1大匙、清水3大匙、鹽1/4小匙
Ⓑ 白醋1大匙

步驟

❶ 蒜切末，薑切末，蔥切末。

❷ 把鯉魚去鱗、鰓及腹內，洗淨，將魚身雙面劃約6-8刀。

❸ 將米酒沾抹在魚雙面，醃約8-10分鐘，去除腥味。

❹ 先將蛋打成蛋液，均勻塗抹於魚身，再灑抹太白粉於魚身內外。

❺ 取鍋熱油，將魚入鍋以大火炸約10分鐘，至魚外酥脆內熟透。

❻ 將魚取出，肚身朝下裝盤。

❼ 原鍋留油1大匙，放入薑末、蒜末爆香，再放入番茄醬炒至勻化。

❽ 加入調味料Ⓐ，待煮滾後再淋上白醋。

❾ 將糖醋汁淋在魚身上，撒上蔥末即可。

小撇步

ⓐ 塗抹太白粉時，記得魚片內外都要沾到太白粉。

ⓑ 番茄醬炒過，可以去除果澀、增色澤，且讓味道更溫和好吃。

ⓒ 魚擺盤時，可用手抓魚背，肚身朝下略壓，就可讓魚身站立，肉自然散開。

梅乾扣肉

參見DVD示範

梅乾扣肉是客家人的族群象徵美味。豬肉紅潤油亮,汁黏稠鮮美。入口時肉軟綿即化,油脂瞬間奔溢而來,讓人傾倒。清香的梅乾菜不僅解油,吸飽的湯汁更增甘醇香美,搭配上白飯,既扣住你的胃,也扣住你的心。

材料

五花肉一塊（約600公克）、梅乾菜100公克、辣椒10公克、蒜頭10公克、薑10公克、紅蔥頭30公克、油2大匙、豆豉1大匙、香菜10公克、水100cc

調味料

Ⓐ 醬油2大匙
Ⓑ 醬油1小匙、白胡椒粉1/2小匙、糖1小匙、米酒1小匙、辣椒醬1小匙、甜麵醬1大匙
Ⓒ 醬油1小匙、白胡椒粉1/2小匙、糖1小匙、米酒1小匙、辣椒醬1小匙、甜麵醬1大匙（同調味料Ⓑ）

步驟

❶ 梅乾菜泡水約1-2小時，再清洗至無沙子，擠乾水分後切末。

❷ 薑切末，蒜頭切末，紅蔥頭切末，辣椒去籽切末。

❸ 起水鍋，放入整塊五花肉，燙煮約5分鐘後取出。

❹ 取容器放入調味料Ⓐ，將五花肉的皮蘸上醬料。

❺ 起油鍋，將五花肉的皮朝下，放入鍋中炸約20秒，撈起。

❻ 再重複肉皮蘸醬油、下鍋炸的動作約2-3次，至肉皮呈現金黃色。

❼ 將五花肉切成片（約0.5公分），加入調味料Ⓑ及少許薑末、蒜末，醃製10分鐘。

❽ 熱鍋加入2大匙的油，放入薑末、蒜末、紅蔥頭末、辣椒末、梅乾菜末、豆豉及調味料Ⓒ，以大火炒香。

❾ 再加入水100cc煮約8-10分鐘，至梅乾菜軟熟收乾。

❿ 取容器，將肉皮朝下排整齊。

⓫ 再放入炒好梅乾菜，放入蒸籠蒸約90分鐘至肉軟熟。

⓬ 將蒸好的成品取出扣盤，灑上香菜即可。

小撇步

ⓐ 這道菜是客家人款待客人的大菜，做法是煮→炸→炒→蒸，涵蓋四種烹調法。

ⓑ 梅乾菜一定要泡水去鹹，且因為容易有沙，記得要沖洗乾淨。

ⓒ 這道菜油鹹香兼具，夠味又好吃，若喜歡淡一點的，可以酌量減少調味料裏醬的分量。

ⓓ 豬肉炸過，可讓皮上色，且更香Q。

ⓔ 梅乾菜要炒到收乾，這樣蒸完才不會糊爛。

金菇蒸土雞

當喜宴或辦桌時，那炊煙裊裊的木質蒸籠內所蒸的，或是在宴客桌上被掀開封膜的，最常出現的就是這道雞湯。這道菜的做法非常簡單，將土雞去除油脂，再放入金針菇等蕈類後，慢慢蒸（或燜煮）而成。土雞經過久燉，肉綿軟爛，筷觸即散，搭佐的蕈菇肉厚爽脆，還有那營養滿點、鮮郁甘美的醍醐雞湯。寒冬若上了這道湯，相信只有一片喝湯聲，及暖心的滿足。

材料

全雞一隻（約1.8公斤）、金針菇200公克、杏鮑菇乾50公克、巴西蘑菇乾100公克、高湯1000cc

調味料

鹽1大匙、香油1小匙

步驟

❶ 金針菇切去尾部，杏鮑菇和巴西蘑菇乾用水泡發。

❷ 全雞洗淨後，去除內部油脂。

❸ 取鍋加水煮沸，放入全雞汆燙約8-10分鐘後取出。

❹ 另取鍋，放入全雞、金針菇、杏鮑菇、巴西蘑菇、高湯1000cc。

❺ 以中小火燜煮1.5-2小時，至菇軟雞熟。

❻ 加入鹽、香油，攪拌均勻，即可上桌。

小撇步

ⓐ 杏鮑菇跟巴西蘑菇乾可至南北貨行購買。

ⓑ 菇類的菌褶易藏髒汙，記得要清洗乾淨。

ⓒ 雞先汆燙過，可以去掉生腥及血水，讓湯較清，但記得別燙太久，免得雞皮破掉。

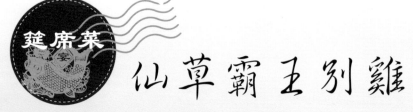

仙草霸王別雞

這道是結合客家菜裏的「仙草烏骨雞湯」，以及「豬肚雞」兩菜做法所發明的工夫宴客菜。全雞以精湛刀工去骨（全身無骨且除必要處皆不破皮），包入豬肚內，再加入中藥、仙草汁慢慢煨煮而成。掀蓋時，雞被豬肚環抱住，漆黑看似不顯眼，但若拿乾淨剪刀切劃，剪開瞬間，不僅膠質奔騰而出，內裏的白嫩豬肚及雞肉，更在眼前倏然滑散，黑白對比，極富驚喜感。吃時豬肚軟腍，雞肉綿爛，還有香郁卻不油膩的藥材高湯，是家常補身、宴客稱讚的推薦菜。

材料

烏骨雞一隻（約800公克）、處理過豬肚1粒、仙草汁800公克、
山藥200公克、乾香菇100公克、枸杞5公克、熟地3公克、
青耆3公克

調味料

高湯1000cc、酒1大匙、鹽1小匙

步驟

❶ 枸杞泡水至軟，香菇泡軟後去蒂頭。

❷ 山藥洗淨削皮，切塊。

❸ 將烏骨雞去骨（雞去骨方式見第13頁說明）。

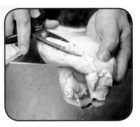

❹ 處理好的豬肚，剪去多餘油脂（豬肚清理見第11頁說明）。

❺ 豬肚一邊開口用剪刀剪大一些，以便將烏骨雞塞入，先將雞頭由另一端開口中伸出來。

❻ 接著再將其餘部位，塞入豬肚中包住。

❼ 取鍋裝水大火煮沸，放入豬肚雞汆燙約5分鐘，撈起。

❽ 取鍋，放入全部材料、高湯、酒、鹽，加蓋用中小火燜煮約1.5-2小時，至雞軟肚爛，即可上桌。

小撇步

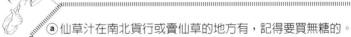

ⓐ 仙草汁在南北貨行或賣仙草的地方有，記得要買無糖的。

ⓑ 豬肚買生的處理較費工，可買商場裏已經處理煮好的。記得豬肚要挑選大一些的，才能裝得下雞。

ⓒ 雞頭要穿過豬胃的一孔，這樣煮完胃收縮，就會剛好固定住雞，避免掉出。

ⓓ 全雞亦可改用去骨雞腿肉，用雞腿肉的話，豬肚切口可用牙籤封住。

ⓔ 也可使用一般雞，只是烏骨雞較有滋補功效。

鴻運當頭
(紅燒鰱魚頭)

這是道聚會宴客的好菜，相信也有許多人曾圍著它，度過那個人生最重要的時刻。這道菜據說是因乾隆下江南，遇雨投宿所誕育的杭州名菜。到了台灣後融合大江南北的飲食習慣，也創育出各種做法，從最早的魚頭直接炸，到裹粉炸，從鰱魚頭到草魚、紅鮋、鮪魚，甚至鮭魚頭，材料更是可隨心所欲。只要你將魚頭油炸，再放入白菜及喜歡食材細火燉煮，即可享受這個溫暖的好味道。要記得的是，這道菜要久煮，魚肉會越煮越綿嫩，材料會越燉越融合，湯汁更會越熬越芳美。

材料

鰱魚頭半顆（約1.2公斤）、白菜半顆（約400公克）、
薑20公克、蔥20公克、蒜20公克、辣椒20公克、水1000cc

醃料

醬油2大匙、酒2大匙、胡椒1/4小匙

調味料

醬油2大匙、醬油膏1大匙、魚露1大匙

步驟

❶ 鰱魚頭清洗乾淨，在肉厚部分切10刀以上。

❷ 取容器放入魚頭及醃料，醃約10分鐘至入味。

❸ 白菜洗淨，去除老梗，切成大段。

❹ 辣椒去籽切絲後泡水，薑切絲，蔥切絲，蒜切片。

❺ 起油鍋大火加熱，放入鰱魚頭炸約10分鐘，至鰱魚頭成為金黃色，即可撈起。

❻ 取鍋放入白菜、水1000cc、鰱魚頭、蒜頭片、調味料，以中小火燉煮約40-60分鐘，至白菜軟熟，魚香融入。

❼ 裝鍋，灑上薑絲、辣椒絲、蔥絲即可。

小撇步

ⓐ 鰱魚頭切刀，可讓油炸的油進入魚肉，這樣可以定型且除腥味。

ⓑ 魚頭記得放在白菜上煮，這樣才能讓白菜易軟且吸油。

ⓒ 燉煮時若有雜質浮末，記得撈除。

ⓓ 這道菜是冬天的好菜，也可以隨喜好加料，如豆腐、豆皮或粉絲等。

老菜新滋味

台灣璀璨的飲食，究其根基及歷史，是從四面八方的族群，不斷汲取各家之長及元素所創育。有閩南，有客家，有各省，有原民，有日本，有歐美，還有東南亞。雖說飲食藩籬較少，好吃即可，但正因台灣飲食能兼容並蓄，並從中研發吸取，挑戰融會，才能有這樣上能宴客大餐，下可庶民小吃，且呈現百樣千貌、璀璨多元的台灣美食。這裏特別設計了老菜新滋味的單元，從食材結合、作法創新等各方面，汲取增加新的元素，希望能爲台灣人未來的味蕾及餐桌，提供更多可能性。

   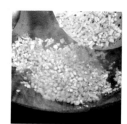

鹹冬瓜百花香腸

香腸跟鹹冬瓜,可說是台灣味食材中,葷食和素食界的一方代表。這裏將兩個傳統食材完美搭配,並挑選小香腸以新穎的百花刀法切剪,味道不僅鹹甘對味,且更富童趣及美感。

材料

一口香腸200公克、鹹冬瓜50公克、薑10公克、蔥10公克、
辣椒10公克、太白粉水1大匙、油1大匙、水50cc

調味料

醬油1大匙、酒1大匙、糖1/2小匙

步驟

❶ 薑削皮切末,蔥切
段,辣椒去籽切末。

❷ 鹹冬瓜切末。

❸ 將牙籤放在小香腸
兩邊,再用刀在小
香腸上切約6-8道切
口,但不切斷。

❹ 熱鍋加入油1大匙,
放入薑末、蔥段、
辣椒末,大火爆香。

❺ 再加入香腸、鹹冬
瓜,煎香腸約3-5分
鐘,至外皮略為焦
脆。

❻ 再放入水、調味料,
煮至水滾。

❼ 最後再加入太白粉
水勾芡,即可盛盤。

ⓐ 本道菜建議用一口香腸,大小適中好入口,且也容易煮熟。

ⓑ 鹹冬瓜跟香腸已有鹹味,記得別再放鹽巴,加醬油目的則在增加
香氣,但可依自己口味,酌量添加。

老菜
新滋味

韭菜芝麻餅

你也常覺得餛飩太小顆，皮薄沒感覺嗎？又或是韭菜盒太大顆，且肉少、冬粉及韭菜多嗎？這道菜結合了餛飩及韭菜盒兩個元素，以餛飩皮包裹住了韭菜肉餡，慢煎而成。吃起來皮酥、肉多，且小巧玲瓏，一口一個剛剛好，兩個願望一次滿足。

材料

餛飩皮100公克（約20張）、豬絞肉200公克、韭菜100公克、蔥10公克、蒜10公克、白芝麻5公克、蛋液50公克、油1大匙

調味料

醬油1大匙、甜麵醬1大匙、酒1大匙、黑胡椒1小匙、糖1/4小匙

步驟

❶蔥切碎，蒜切碎，韭菜切成碎末。

❷取容器放入絞肉、蔥、蒜、韭菜、調味料，攪拌均勻後甩打至有黏性。

❸將餛飩皮攤開鋪平，放入約一大匙的餡料。

❹將餛飩皮四邊沾水。

❺將另一張餛飩皮蓋上壓實，上面抹上蛋液，沾上白芝麻。

❻熱鍋放油1大匙，將芝麻餅入鍋煎（芝麻面朝下），小火慢煎約5-10分鐘。

❼煎至單面金黃焦脆時，翻面續煎。

❽至兩面金黃，即可盛盤享用。

小撇步

ⓐ 在包芝麻餅時，旁邊收口要壓緊實，才不會掉餡。

ⓑ 煎芝麻餅時，要注意溫度，小心不要焦掉。

金沙翼豆

老菜
新滋味

翼豆又稱楊桃豆、四角豆、羊角豆，日治時期被日本人帶來接觸臺灣的好山好水，就在此長久定居下來。翼豆風味微像山蘇，青澀獨特，因此仍較少人接觸，但可是蛋白質及維生素含量豐富的好菜，以金沙作法讓鹹蛋黃的油脂包裹翼豆，吃起來不僅不顯青澀還鹹香鮮潤，營養更是滿點，推薦您嘗試。

材料

翼豆400公克、鹹蛋黃100公克

調味料

鹽1/4小匙、酒1大匙

步驟

鹹蛋黃切末。

❷翼豆剝去接縫處的
纖維老梗。

❸再將翼豆切為小
段。

❹起油鍋，放入翼
豆，中火炸約2分鐘
至熟軟，撈起。

❺鍋內留約油1大匙，
放入鹹蛋黃，大火
炒約2分鐘至起泡。

❻再放入翼豆、調味
料，翻炒約1分鐘，
拌炒均勻後，即可
盛盤。

小撇步

ⓐ 鹹蛋黃可買熟鹹蛋來用，若買的是生的鹹蛋
黃，記得淋酒去烤箱烤約5分鐘，去除腥味。

ⓑ 翼豆去除纖維，吃起來才不會老。

ⓒ 炒鹹蛋黃時鍋子要夠熱，這樣蛋黃才會香。

老菜
新滋味

金沙松阪

松阪豬雖如日名，卻是道地的台灣豬肉，還是一隻豬只有兩塊，且美如大理石紋的霜降頰肉。結合金沙作法讓鹹蛋黃的香氣沁入肉中，吃起來潤而不膩、瘦而不柴，還鹹郁爽脆，油脂甘甜不斷在口中釋放綿化，零吃佐飲皆適宜。

材料

松阪肉（豬頰肉）300公克、番茄100公克、鹹蛋黃100公克、
青花菜30公克、辣椒5公克、油2大匙

調味料

鹽1/4小匙、糖1/4小匙

步驟

❶ 青花菜去除筋膜
後，浸入鹽水約5分
鐘。

❷ 辣椒切末，番茄去
蒂頭切小丁。

❸ 鹹蛋黃切成細末。

❹ 豬頰肉剔除油脂，
斜切成薄片。

❺ 取鍋加水煮沸，放
入青花菜汆燙約60
秒，撈起沖水。

❻ 取鍋加油1大匙，放
入豬頰肉用中小火
煎約5分鐘至上色，
取出。

❼ 鍋中加入1大匙油，
放入鹹蛋黃泥炒至
起泡。

❽ 依序加入豬頰肉、
辣椒末、番茄丁、
調味料，拌炒約3分
鐘。

❾ 至肉沾裹金沙焦
香，即可裝盤，將
青花菜放在一旁裝
飾。

ⓐ 鹹蛋黃可買熟鹹蛋來用，若買的是生的鹹蛋
黃，記得淋酒去烤箱烤約5分鐘，去除腥味。

ⓑ 鹹蛋黃炒的時候，要先熱鍋熱油，炒的時候才
會有香味。

ⓒ 鹹蛋黃市售鹹度不一，這道菜的鹽可視鹹蛋黃
的鹹度，調整分量。

老菜
新滋味

XO醬酸豇豆

豇豆又稱菜豆、豆角，眷村人將故鄉發酵豇豆的酸香滋味，也帶來台灣，且常和豬絞肉拌炒成「酸豆角炒肉末」。這裏再加入XO醬，讓味道更加鹹香芳美，還有干貝、蝦米所釋出的甘郁滋味，可是下飯、佐麵及夾饅頭的絕搭好菜。

材料

絞肉50公克、培根50公克、酸豇豆300公克、蒜頭酥20公克、
油1大匙、XO醬1大匙

調味料

胡椒粉1/4小匙、醬油1小匙、酒1大匙、糖1/2小匙

步驟

❶ 酸豇豆切末。

❷ 培根切末。

❸ 取鍋裝水煮沸，放入酸豇豆汆燙約3分鐘，撈起。

❹ 取鍋加入油1大匙，放入培根、絞肉，大火爆香。

❺ 再放入XO醬、豇豆，拌炒均勻。

❻ 最後放入蒜頭酥、調味料，繼續翻炒約1分鐘至入味，即可盛盤。

ⓐ 豇豆略為汆燙可緩和酸味，但不要燙太久，不然會軟爛失去脆度。

ⓑ 蒜頭酥最後放，炒一下就好，不然反而會產生苦味。

桔醬松阪肉

老菜新滋味

桔醬是客家味道裏的經典蘸醬及調味料，色澤金黃誘
人，還有桔子的甘酸滋味和香氣，不斷刺激人們的視
覺，挑動味覺的感官極限。淋在煎至酥香的松阪豬肉
上，吃起來肉潤味足且不覺油膩，清爽更是倍增，讓
你一口接一口，愛不釋口，轉眼盤子淨空。

松阪肉（豬頰肉）300公克、洋蔥100公克、檸檬皮5公克、
油1大匙

調味料

桔醬2大匙、白醋1大匙、糖1大匙

步驟

❶ 洋蔥切成細絲，沖
水後泡水。

❷ 檸檬將皮削下，切
為細末。

❸ 熱鍋放入油1大匙，
放入松阪肉，以中
小火煎約10-15分
鐘，至兩面金黃，
內裏熟成。

❹ 將肉取出，切成斜
薄片。

❺ 準備盤子，擺放上
洋蔥及松阪肉。

❻ 取容器放入調味
料，攪拌均勻。

❼ 將醬汁淋在洋蔥及
松阪肉上，再灑上
檸檬皮，即完成。

小撇步

ⓐ 洋蔥切完後泡水，可以去除黏液，降低嗆辣味。

ⓑ 松阪肉油脂豐富，用中火慢慢地翻煎，可以把內部
油脂逼出，吃到外表金黃焦脆，內裏柔嫩的口感。

ⓒ 若吃得較清爽的人，肉煎起後可以用紙巾將油稍微
擦乾。

老菜
新滋味

鮮蔬柴把鴨

柴把鴨是湘菜裏久負盛名的代表菜色，因將鴨肉和鮮蔬束綁，如農家柴把狀而得名。喝起來味道清香濃郁，營養滿點，這裏將湯結合日式昆布高湯，營養不減，且讓湯頭更加清澈味鮮，適合輕食、少油、追求養生的現代人食用。

材料

鴨腿肉100公克、豆芽菜100公克、海帶（昆布）100公克、
蒜10公克、南瓜100公克、薑10公克、干瓢30公克、
紅蘿蔔50公克、乾香菇30公克、水600cc、油1大匙

調味料

胡椒粉1/4小匙、醬油1大匙

步驟

❶ 豆芽菜洗淨，乾香
菇泡軟切條。

❷ 蒜切末，薑切片。

❸ 鴨腿肉切條，南
瓜、紅蘿蔔去皮切
條。

❹ 將鴨腿肉、紅蘿
蔔、香菇、南瓜，
組成柴把狀，用干
瓢綁起。

❺ 海帶用瓦斯爐的小
火烘烤，至表面略
乾，香味飄出。

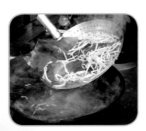

❻ 取鍋加入水、豆芽、
海帶大火加熱，煮
開後轉小火多煮約
3分鐘，撈起成素高
湯。

❼ 取鍋加油1大匙，加
入蒜末、薑片，大
火爆香。

❽ 加入素高湯、鴨肉
卷，熬煮至蔬菜軟
熟。

❾ 加入調味料，即可
盛碗上桌。

小撇步

ⓐ 干瓢是弧瓜曬乾製成，常拿來做葫蘆乾，或做甘煮海
帶，在傳統市場或乾貨店可買到。

ⓑ 綁柴把前，干瓢別碰水，不然會黏滑難綁。

ⓒ 昆布上面的白色結晶可別擦掉，它是昆布鮮美的來源
甘露醇。

ⓓ 昆布烤過可讓湯更具香氣，但烤時要小心不要焦掉。
另外，昆布別煮久，不然會產生腥味。昆布煮完可以
做成涼拌小菜。

筍絲鑲中卷

鑲中卷是請客、宴會或年節都常出現的菜色。以鹹酥雞中的魷魚為概念,在餡料裡新添入九層塔,再塞入燙過的中卷中切片而成。入口後,中卷彈牙脆口富咬勁,竹筍蔬菜清新鮮嫩,還有具特殊風味的九層塔提香,是道簡單、清爽又無負擔的冷盤前菜。

材料

中卷一隻（約200-300公克）、竹筍100公克、
紅蘿蔔50公克、香菜10公克、薑10公克、九層塔5公克、
太白粉水1大匙、油1大匙

調味料

醬油1大匙、沙茶醬1大匙、糖1/4小匙、香油1大匙、酒1大匙、水50cc

步驟

❶ 薑切末，香菜切小段，九層塔洗淨，紅蘿蔔切細絲，竹筍切細絲。

❷ 將中卷頭部拔開，去除嘴部、軟骨及內臟後洗淨（不需去皮）。

❸ 取鍋加水大火煮沸，放入竹筍、紅蘿蔔絲汆燙約30-60秒，撈起。

❹ 再放入中卷汆燙約3-5分鐘至熟，撈起。

❺ 取鍋加油1大匙，放入薑末，大火爆香，再加入竹筍絲、紅蘿蔔絲，拌炒約5分鐘至軟熟。

❻ 加入香菜、九層塔、調味料拌炒入味後，用太白粉水勾芡成餡料。

❼ 將中卷頭切碎，放入餡料中攪勻。

❽ 取中卷肉身，將餡料塞入壓緊。

❾ 將中卷切成厚片，即可盛盤享用。

小撇步

ⓐ 餡料在壓時一定要壓實，不然切過會有空洞，容易邊吃邊掉。

老菜
新滋味

蜜棗苦瓜燉排骨湯

苦瓜排骨湯大家都知道,是夏日消暑解毒的家常湯。加入了蜜棗,可降低苦瓜的苦味,且增加湯頭的清甘滋味,而蜜棗極富鈣、鐵、維他命C、D,又能增強人體免疫力,還有抗癌的功效,使苦瓜排骨湯提升成健康、清爽又滋補的好湯。

苦瓜300公克、排骨200公克、乾香菇100公克、
乾蜜棗10公克、黑豆100公克、高湯600cc

調味料

鹽1/2大匙、酒1大匙、胡椒粉1/4小匙

步驟

❶ 黑豆洗淨,浸水泡1
小時以上。

❷ 香菇泡發,切去蒂
頭。

❸ 苦瓜去除籽及囊
膜,切大塊。

❹ 排骨洗淨,切小塊。

❺ 取鍋加水煮沸,再
放入排骨汆燙5分
鐘,撈起沖水。

❻ 取鍋加入高湯及所
有材料,煮20分
鐘以上,至排骨及
苦瓜軟熟,即可盛
鍋。

ⓐ 黑豆要泡過水。才容易煮爛。若泡的水略呈黑紫
色,是因黑豆的皮有花青素的關係,不用擔心。

ⓑ 苦瓜白膜要去除乾淨,這樣才不會苦。

ⓒ 這道菜也可以放入電鍋裏面燉,省時又很好吃。

金銀財寶娃娃菜

台灣年節有吃長年菜——芥菜的習慣，只是芥菜容易梗老味苦。這道菜以長年菜為概念，替換成芥菜中的新品種——娃娃菜，再淋上以紅蘿蔔、鹹蛋黃、蟹腿細熬而成的仿蟹膏。吃起來娃娃菜梗軟不苦，幼嫩多汁，蟹醬鹹香鮮腴，顏色金黃透紅，如同匯聚的金銀財寶，喜慶感十足，是非常適合在年節或宴客時，端上餐桌享用的好菜。

材料

娃娃菜300公克、蟹腿肉100公克、紅蘿蔔100 公克、鹹蛋黃2粒、
薑20公克、油2大匙、太白粉水1大匙、高湯300公克

調味料

鹽1/4小匙、糖1/4小匙

步驟

❶ 薑削皮切末，鹹蛋黃切末，紅蘿蔔用湯匙刮成碎泥。

❷ 娃娃菜切掉蒂頭，剖半。

❸ 鍋中加水煮沸，放入娃娃菜汆燙約3分鐘至菜熟，取出沖水。

❹ 再放入蟹腿肉，汆燙約3分鐘至熟，撈起。

❺ 取鍋放入油2大匙，放入薑、鹹蛋黃末、紅蘿蔔泥拌炒。

❻ 待炒至起泡後，再放入高湯、調味料繼續煮。

❼ 至醬汁綿爛如蟹黃，放入蟹腿肉翻炒一下，最後以太白粉水勾芡做成仿蟹膏。

❽ 最後將娃娃菜擺盤，淋上仿蟹膏，即完成。

ⓐ 娃娃菜底部若纖維較粗，可以切掉，娃娃菜如果有長輩喜歡軟爛的，可以燜煮久一點。

ⓑ 炒胡蘿蔔時，油若吸乾可再適時補放，油炒過一方面讓維他命A可隨油脂釋出，另一方面在吃時胡蘿蔔較不會乾澀。

參見DVD示範

老菜新滋味 發財聚寶石榴雞

石榴雞是台灣和潮汕大戶人家過節宴客的精緻大菜。原是以雞皮包住雞肉及鮮蔬,再經蒸煮、淋芡而成。吃來雞香滿溢,餡多營養,還有多子多福的寓意。只是雞皮易起皺又包裹不便,這裏改用香嫩蛋皮替代,不僅好做好包,且內餡也放入蝦仁,讓味道有山珍,還有海味,清爽感也更加提升,也希望澄黃晶亮的石榴雞像個聚寶包,為大家帶來財多富足的美好未來。

材料

雞胸肉 100 公克、蝦仁 50 公克、雞蛋 4 顆、筍子 50 公克、
青花菜 50 公克、乾香菇 50 公克、韭菜 30 公克、太白粉水 3 大匙、
高湯（或水）100 公克、水 50cc

醃料

鹽 1/4 小匙、酒 1 大匙、胡椒粉 1/4
小匙、太白粉 1 大匙、全蛋液 1 小匙

調味料

Ⓐ 鹽 1/4 小匙、糖 1/4 小匙、胡椒粉 1/4 小匙、酒 1 大匙
Ⓑ 鹽 1/4 小匙、糖 1/4 小匙

❶ 乾香菇泡發切丁，筍子去皮切丁，韭菜切去根部。

❷ 雞蛋加入太白粉水 2 大匙打勻，蝦仁去腸泥，切大丁。

❸ 雞胸肉切丁，加入醃料醃約 10 分鐘至入味。

❹ 取鍋加水煮沸，放入青花菜、韭菜，大火汆燙 60 秒，取出沖水。

❺ 起油鍋，依序放入雞胸肉、蝦仁，過油約 2 分鐘，撈起。

❻ 鍋中留約油 1 大匙，放入香菇、筍子爆香，再加入雞胸肉、蝦仁、水 50cc 及調味料Ⓐ，炒約 1 分鐘至收汁，盛起。

❼ 油鍋洗淨，用紙巾抹薄油，將蛋液分煎成蛋皮 8 張。

❽ 將蛋皮當底皮，再放入步驟 6 炒好的餡料。

❾ 再剝條韭菜，將蛋包綁成石榴包，放入蒸籠蒸約 2-3 分鐘。

❿ 另取鍋放入高湯、調味料Ⓑ，煮開後放入太白粉水 1 大匙，煮成芡汁。

⓫ 取盤，將青花菜、石榴包排入盤中，淋上芡汁即可。

小碎步

ⓐ 雞胸肉醃過可以去除腥味，且增加滑嫩口感。

ⓑ 韭菜先燙過，才會有韌性較好綁，但不能燙太久，避免爛掉。

ⓒ 煎蛋皮時，鍋子要夠熱，這樣比較不會黏，另外，蛋皮不要太厚，不然口感不好。若煎得太大，可以等綁成蛋包後，再進行修剪。

ⓓ 蛋包不要蒸太久，不然會吃起來糊爛又沒香味。

老菜
新滋味

五行蒸魚

這道菜是由五行概念創想而出。從陰陽五行來說，宇宙自然創生於五行，而五行則對應於五色，因此將青蔥、紅泡椒、黃薑、白蒜及黑魚露的五色食材，和魚一同蒸煮，使其充分吸收木、火、土、金、水的自然元素。這樣不僅吃起來魚肉鮮甘香甜，香辣回韻，更有陰陽協和的功效，透過食材屬性的完美組合，讓營養價值發揮到最大。

材料

鱸魚一隻（約800公克）、紅泡椒20公克、綠泡椒20公克、
蔥10公克、蒜10公克、薑10公克、冬粉50公克

調味料

醬油1大匙、魚露1大匙、酒1大匙、糖1/4小匙

步驟

❶ 冬粉泡水30分鐘以
上至軟。

❷ 將薑、蒜切成細
末，蔥切成蔥花。

❸ 將紅、綠泡椒切為
細末。

❹ 鱸魚清除鱗、鰓及
腹內，從肚身沿著
脊骨剖開，但不切
斷。

❺ 魚表皮兩面再各切4
刀。

❻ 取碗將紅泡椒、綠
泡椒、蒜、薑、調
味料放入攪拌均
勻。

❼ 取盤依序鋪入冬
粉、鱸魚，再淋上
泡椒醬料。

❽ 將魚放入蒸籠，大
火蒸20分鐘至熟，
灑上蔥花，即可上
桌。

小撇步

ⓐ 泡椒在賣場或傳統乾貨店可以買到。

ⓑ 蒸魚時可用筷子戳魚肉較厚處，筷子可輕
鬆穿過魚肉不流血水，就代表蒸熟了。

國家圖書館出版品預行編目資料

傳統好味道；溫師傅上菜／溫國智
　　著.--初版. -- 新北市：葉子，2016.
　　01
　　　面；　公分.--（銀杏）

ISBN 978-986-6156-18-2（平裝附數
　　位影音光碟）

1.食譜 2.烹飪

427.1　　　　　　　　　　104026453

Ginkgo

傳統好味道：溫師傅上菜

作　　　者／溫國智
出　　　版／葉子出版股份有限公司
發 行 人／葉忠賢
總 編 輯／閻富萍
企劃編輯／黃義淞
菜餚製作協助／田博元、林芸吟、陳俊儒、周凌漢
美術設計／張明娟
攝　　　影／葉琳喬、劉泳男
印　　　務／許鈞棋

地　　　址／新北市深坑區北深路三段 260 號 8 樓
電　　　話／886-2-8662-6826
傳　　　真／886-2-2664-7633
服務信箱／service@ycrc.com.tw
網　　　址／www.ycrc.com.tw

印　　　刷／威勝彩藝印刷事業有限公司
I S B N ／978-986-6156-18-2
初版一刷／2016 年 1 月
定　　　價／新台幣 380 元

總 經 銷／揚智文化事業股份有限公司
地　　　址／新北市深坑區北深路三段 260 號 8 樓
電　　　話／886-2-8662-6826
傳　　　真／886-2-2664-7633

廣 告 回 信
台 北 郵 局 登 記 證
台北廣字第03827號

222-04
新北市深坑區北深路三段260號8樓

揚智文化事業股份有限公司　　收

□□□-□□
地址：　　　市縣　　　鄉鎮市區　　　路街　段　巷　弄　號　樓
姓名：

Leaves
Publishing

 L5121　　　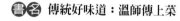 傳統好味道：溫師傅上菜

葉子出版股份有限公司

讀・者・回・函

感謝您購買本公司出版的書籍。

為了更接近讀者的想法，出版您想閱讀的書籍，在此需要勞駕您詳細為我們填寫回函，您的一份心力，將使我們更加努力！！

1.姓名：＿＿＿＿＿＿＿

2.性別：□男　□女

3.生日／年齡：西元＿＿＿年＿＿＿月＿＿＿日＿＿＿歲

4.教育程度：□高中職以下□專科及大學□碩士□博士以上

5.職業別：□學生□服務業□軍警□公教□資訊□傳播□金融□貿易
　　　　　□製造生產□家管□其他＿＿＿＿

6.購書方式／地點名稱：□書店＿＿＿＿□量販店＿＿＿＿□網路＿＿＿＿□郵購＿＿＿＿
　　　　　　　　　　　□書展＿＿＿＿□其他＿＿＿＿

7.如何得知此出版訊息：□媒體＿＿＿＿□書訊＿＿＿＿□書店＿＿＿＿□其他＿＿＿＿

8.購買原因：□喜歡作者□對書籍內容感興趣□生活或工作需要□其他

9.書籍編排：□專業水準□賞心悅目□設計普通□有待加強

10.書籍封面：□非常出色□平凡普通□毫不起眼

11.E-mail：＿＿＿＿＿＿＿＿＿＿＿＿＿＿＿＿＿＿＿＿＿

12.喜歡哪一類型的書籍：＿＿＿＿＿＿＿＿＿＿＿＿＿＿＿

13.月收入：□兩萬到三萬□三到四萬□四到五萬□五到十萬以上□十萬以上

14.您認為本書定價：□過高□適當□便宜

15.希望本公司出版哪方面的書籍：＿＿＿＿＿＿＿＿＿＿＿＿

16.本公司企劃的書籍分類裡，有哪些書系是您感到興趣的？
　　□忘憂草（身心靈）□愛麗絲（流行時尚）□紫薇（愛情）□三色堇（財經）
　　□銀杏（健康）□風信子（旅遊文學）□向日葵（青少年）

17.您的寶貴意見：
＿＿＿＿＿＿＿＿＿＿＿＿＿＿＿＿＿＿＿＿＿＿＿＿＿＿＿＿＿＿

☆填寫完畢後，可直接寄回（免貼郵票）。
　我們將不定期寄發新書資訊，並優先通知您
　其他優惠活動，再次感謝您！！